EIN WELPE

SOLL ES SEIN

Das erste Jahr des Hundes begleiten

Kristina Räder

Hrsg. DER HUND
DER HUND Wissen

Müller Rüschlikon

Einbandgestaltung: R2 I Ravenstein, Verden

Titelbild und Foto auf der Umschlagrückseite: Beate Schmahl

Bildnachweis:
Anna Auerbach: S. 28, 40, 50, 62, 75, 76, 78, 80, 89, 93
Ruth Benger: S. 43, 49, 51
Thore Brockhoff: S. 20, 32, 33, 35, 37, 38, 44, 47, 53, 54, 55, 57, 58, 61, 66, 68, 69, 71, 73, 82, 87, 95, 97, 99, 105, 106, 109, 111, 115, 117, 119, 120, 122, 125, 129, 131, 133, 136
Anja Michels: S. 63, 90, 103
Kristina Räder: S. 8, 9, 10, 12, 13, 15, 16, 23, 25, 27, 31, 64, 100, 112, 139, 140
Beate Schmahl: S. 4, 6, 26, 42, 45, 84, 141, 142

ISBN 978-3-275-02295-3

Postfach 103743, 70032 Stuttgart
Ein Unternehmen der Paul Pietsch Verlage GmbH & Co. KG

1. Auflage 2023

Sie finden uns im Internet unter www.mueller-rueschlikon-verlag.de

Gesamtleitung: Claudia König
Lektorat: Redaktion DER HUND
Innengestaltung: r2 | Ravenstein, Verden
Druck und Bindung: Graspo CZ, 76302 Zlin
Printed in Czech Republic

INHALT

VORWORT 5

EINLEITUNG 7

Kapitel 1 VON ANFANG AN GUT 11

Trächtigkeit und Geburt 11

Von der 1. und 2. Lebenswoche – die Neugeborenenphase 15

Kapitel 2 DIE WURFKISTE WIRD QUICKLEBENDIG 21

Von der 3. Woche – die Übergangsphase 21

Von der 4. bis zur 9. Woche – die sensible Phase beginnt 23

Kapitel 3 WENN DIE KLEINEN WEITERZIEHEN 41

Die 9. und die 10. Woche – der große Umbruch mitten in der sensiblen Phase 41

Die Sache mit der Bindung 52

Kapitel 4 NEUGIER UND ERFAHRUNG SAMMELN 65

Von der 11. bis zur 16. Woche – die Welt entdecken 65

Das mit dem Futter – Leckerli vs. Beziehung 88

Der Umbruch mit der 16. Woche 96

Kapitel 5 ZWISCHEN LERNEN UND ERWACHSEN WERDEN 113

Das Junghundealter 113

Und plötzlich ist er oder sie ein Pubertier 119

SCHLUSSWORT 143

VORWORT

Welpen sind niedlich – gar keine Frage. Doch von niedlich ist es zu einem ausgeglichenen und souveränen vierbeinigen Begleiter ein langer Weg. Dass nicht nur unsere Erziehung eine Rolle dafür spielt, sondern auch schon vorgeburtliche Mitgebsel oder aber die Aufzucht an sich, das ist manchen gar nicht so bewusst. Viele Sorgen können wir uns ersparen, wenn wir mehr über den Hintergrund unserer Herausforderungen kennen. So auch bei unseren Hunden.

Aus vielschichtiger Erfahrung heraus, bin ich mittlerweile der Überzeugung, dass wir mit Wissen gepaart mit einem guten intuitiven Handeln vor dem Hintergrund unserer Ziele einen guten Weg mit einem neuen 4beinigen Familienmitglied gehen können.

So soll dieses Buch dazu dienen, Wissen zu vermitteln, das nicht ausschließlich auf Theorie basiert, sondern viele praktische Erfahrungen zusammenfasst, die wir als Hundeanfänger noch nicht haben können. Es soll begleiten, Sorgen nehmen und an vielen Stellen für Sicherheit im Umgang mit dem neuen jungen Hund im Haus geben, sodass diese wichtige Zeit bestens genutzt werden kann.

Verständnis ist der Schlüssel zur Gemeinschaft, fangen wir doch mit ein wenig mehr Verständnis unserer vierbeinigen Freunde an!

EINLEITUNG

»EIN GUTER START INS HUNDELEBEN«

Macht man sich einmal bewusst, welch immense Entwicklung unsere vierbeinigen Begleiter insbesondere in ihrem ersten Lebensjahr durchlaufen, dann wird schnell klar, dass es lohnend ist, sich einmal ganz intensiv mit diesem »ersten Jahr des Hundes« auseinanderzusetzen. Denn wer versteht, was speziell in dieser Zeit physisch wie psychisch passiert, damit aus einem anfangs noch blinden, tauben und nur robbenden Fellknäuel zunächst ein pubertierender Junghund und schließlich – am Ende des ersten Jahres – bereits ein relativ erwachsener Hund wird, der bekommt ein besseres Verständnis für seinen Hund, kann ihn besser in seiner Entwicklung unterstützen und fördern und auch Problemen anders begegnen.

Und weil insbesondere im ersten Jahr auch unsere Erziehung und das gemeinsame Training so maßgeblich von den fortlaufenden Entwicklungsprozessen unseres jungen Hundes beeinflusst werden, möchte ich mit diesem Buch dazu beitragen, frisch gebackenen Welpenbesitzern einen kleinen Einblick in diese rasante Entwicklung ihres neuen Freundes zu geben. So sind sie bestmöglich auf das vorbereitet, was auf sie zukommt, um dann ebenso gut darauf reagieren zu können.

Besonders wichtig ist es mir dabei aufzuzeigen, warum in dieser sensiblen Zeit oft weniger mehr ist und Qualität im Training immer vor Quantität stehen sollte. Doch auch Züchter werden von der Lektüre dieses Buches profitieren, da wir mit unserer Reise durch das erste Lebensjahr unseres Hundes mit dem Welpen anfangen, der da zum Zeitpunkt der Geburt ins Leben tritt … oder nein, fangen wir sogar besser noch einen Hauch vorher an mit unserer Betrachtung.

»Vertrauen spiegelt sich in einer harmonischen Mensch-Hund-Beziehung!«

Kapitel

1

VON ANFANG AN GUT

PLANUNG, GEBURT UND ERSTE TAGE

Trächtigkeit und Geburt

Schon vor der Geburt eines Welpen gibt es einiges, was beachtlich ist – hat die Wissenschaft doch in den vergangenen 15 Jahren so viel rund um das Thema Hund zum Vorschein gebracht wie nie zuvor, eine Wissenssammlung, die wir glücklicherweise heutzutage in vielen Büchern und Seminaren lernen und in unser Leben mit unseren Hunden integrieren können.

Doch einen Aspekt dieser neueren Forschungen möchte ich an dieser Stelle herausgreifen und näher beleuchten, und zwar den der Epigenetik, da er sowohl für Züchter als auch für zukünftige Hundebesitzer nicht ganz unerheblich ist. In diesem Bereich wurde erforscht und sogar auf chemischer Ebene letztendlich bewiesen, was vielfach schon vermutet wurde, nämlich, dass sich gewisse Erfahrungen und Verhaltensweisen von Mutter und auch Vater auf die Nachkommen auswirken können.

Wie das funktioniert? Jede unserer Zellen enthält unseren kompletten DNA-Satz, also die genetischen Informationen, der wiederum bei jeder Zellteilung kopiert wird. Erfahrungen mit großem Stresspotential oder einschneidende Erlebnisse führen zu verschiedenen chemischen Änderungen in der direkten Umgebung der DNA.

Und auch diese Veränderungen werden beim Kopieren und Verteilen auf die DNA der Nachkommen zunächst mitgegeben. Um es etwas vereinfacht und bildlicher auszudrücken: Eine DNA darf man sich wie ein Buch voller Wissen vorstellen. Wenn man es liest und bearbeitet, hinterlässt man in aller Regel auf manchen Seiten Unterstreichungen, Randnotizen oder fügt sogar mal einige Notizzettel hinzu.

Würde man nun eine so bearbeitete Seite kopieren, so könnte man diese Veränderungen noch erkennen. Wird diese Kopie erneut kopiert, so verblassen die Anmerkungen nach und nach, bis sie nach einigen Vorgängen gar nicht mehr lesbar sind. Und genauso verhält es sich in der Tat auch mit den Veränderungen an der DNA. Sie werden in den ersten Schritten an die Kopien mitgegeben. Dies bedeutet konkret, dass eine entspannte Mutterhündin schon während der Trächtigkeit Gold wert ist!

Denn genau diese Entspanntheit kann sie an ihre Welpen bereits zu diesem frühen Zeitpunkt weitergeben, ebenso wie dies mit Stress oder Unruhe geschehen könnte. Auch während der Phase der Welpenaufzucht hat das Verhalten der Hündin nachvollziehbaren Einfluss auf die Entwicklung der Nachkommen.

Eine sehr fürsorgliche (Achtung: nicht überfürsorgliche) Mutterhündin begünstigt nicht nur ein gutes Immunsystem der Welpen, sondern sorgt auch für eine höhere Stressresistenz. Intensives Kontaktliegen und ein ausreichendes Pflegeverhalten vermehren im Gehirn der Welpen die Bindungsstellen für das Hormon Oxytocin, welches als Bindungs- und Sozialhormon bekannt ist.

Außerdem wird zugleich die Ansprache im Stresszentrum des Gehirns verringert. Mit einer entspannten Mutterhündin ist somit auf der genetischen Ebene schon ein guter Grundstein für die spätere Wesensentwicklung ihrer Welpen gelegt.

Nachdem wir uns kurz mit der Erblichkeit von Stressempfinden und -toleranz beschäftigt haben, soll es im Weiteren um die Trächtigkeit gehen, wobei einige Faktoren näher beleuchtet werden, die hierbei besonders zu beachten gilt.

- Die reguläre Trächtigkeitsdauer beträgt 63 +/- 4 Tage.
- Große Wurfzahlen werden meist nach einer kürzeren Tragedauer geboren, kleine Würfe oder Einzelwelpen reizen die Trächtigkeitsdauer meist bis zum Schluss aus.

Somit gibt es Schwankungen beim Geburtstermin zwischen dem 58. und dem 72. Tag nach der Deckung.
Bis kurz vor der Geburt wachsen die Welpen stetig im Mutterleib weiter. Gerade die letzten Tage vor der Geburt sind sehr wichtig, da in dieser Zeit das Wachstum der Welpen am stärksten ist und zudem erste Energiereserven in der Leber der Welpen gespeichert werden.

- Die Wurfgrößen stehen nachweislich im Zusammenhang mit der Körpergröße/-länge der Hunderasse.
- Bei sehr kleinen Rassen sind es 2–5 Welpen, bei mittelgroßen 4–6, bei großen 6–8 und bei sehr großen Rassen werden auch schon einmal über 10 Welpen geboren.

Diese Richtwerte sind interessanterweise auch vergleichbar mit denen freilebender Caniden (Hundeartigen) unterschiedlicher Größen.

Auch die Fütterung der Mutterhündin ist während der Trächtigkeit nicht zu vernachlässigen. Bereits in einem frühen Stadium einer Trächtigkeit sollte darauf geachtet werden, der Hündin eine ausreichende Energiezufuhr zur Verfügung zu stellen, die auch gewährleistet, dass sie die Welpen halten und in deren Wachstum versorgen kann.

Selbstverständlich ist auch eine zu dicke Hündin für eine komplikationslose Geburt von Nachteil, doch dieses Phänomen trifft man eher selten an. Ganz im Gegenteil verhält es sich eher so, dass an die mütterlichen Reserven gegangen wird, bevor die Welpen womöglich unterversorgt sind. Spätestens in der Phase der Laktation sieht man dies schnell und deutlich, denn dann noch zu versuchen, die Hündin etwas aufzupäppeln, ist nämlich selten von Erfolg gekrönt. Auch sollte man davon Abstand nehmen, eine tragende Hündin »kohlenhydratarm« ernähren zu wollen! Dies ist ohnehin nicht zu 100 Prozent möglich, da auch in Muskulatur und Innereien sowie in verschiedenen Gemüsen und Obst natürlich Kohlenhydrate als Energiespeicher der Zellen zu finden sind.

Neigt sich die Trächtigkeit dem Ende zu, so fiebert jeder Züchter dem sogenannten Temperaturabfall entgegen. Hierbei sinkt die Körpertemperatur der Hündin circa 24 Stunden vor Einsetzen der Geburt um etwa ein Grad ab. Dies ist quasi der Startschuss, der ankündigt, dass die Geburt innerhalb der nächsten 24 Stunden losgehen wird. Einige Hündinnen stellen zusätzlich das Fressen einige Stunden vor der Geburt ein, was auch ein hilfreiches Zeichen für den Züchter sein kann, welches jedoch insbesondere bei Retrievern eher selten vorkommt.

Für eine möglichst komplikationslose Geburt und zur Vermeidung von unnötigem Stress für Hündin und die neugeborenen Welpen sollte spätestens ab jetzt auf unnötigen Publikumsverkehr verzichtet werden. Die gewohnte Umgebung und ausschließlich vertraute Personen in der Nähe sind sehr hilfreich, damit die Hündin sich ganz auf ihre Geburt konzentrieren kann. Auch sollte der Tierarzt des Vertrauens informiert und eine Notfallnummer eingespeichert sein, die jedoch hoffentlich im späteren Verlauf nicht gebraucht wird.

Sofern alles glatt läuft, legen Hunde in der Regel unter der Geburt ein bewundernswert instinktsicheres Verhalten an den Tag. Um die Atmung, den Kreislauf sowie erste Stoffwechselvorgänge der Welpen zu aktivieren, werden diese von der Mutter kräftig trocken geleckt und gesäubert. Unterstützen kann man die Hündin, indem man den Welpen mit einem sauberen Handtuch weiter trocken rubbelt.

Insbesondere bei großen Würfen und somit längeren Geburtsverläufen sollte man dies immer wieder tun. Je länger der Geburtsvorgang dauert, desto anstrengender für die folgenden Welpen. Ein wenig Starthilfe schadet da nicht.

Übrigens spielt es – anders als bei menschlichen Babys – keine Rolle, ob Welpen in Vorder- oder Hinterendlage geboren werden. Die Geburt wird nur dann problematisch, wenn ein Welpe quer im Geburtskanal liegt. Die Geburt der nachfolgenden Welpen wird dadurch verhindert, dass ein Geschwisterchen noch den Geburtskanal verschließt. Gelingt es nicht, den Welpen in die richtige Position zu bringen, so wird leider ein Kaiserschnitt fällig!

Von der 1. und 2. Lebenswoche – die Neugeborenenphase

Hundewelpen sind sogenannte **Nesthocker**. So werden sie bezeichnet, da sie im Vergleich zu anderen Säugetieren zum Zeitpunkt ihrer Geburt noch sehr hilflos und nicht fertig entwickelt sind. Im Besonderen sind die Skelettknochen noch nicht weit mineralisiert, was deren geringe Dichte und die damit verbundene Durchlässigkeit für Röntgenstrahlen erklärt. Dieser Prozess findet bei Hunden erst später im Wachstum statt. Die Neugeborenenphase umfasst die ersten 14 Lebenstage eines Welpen und ist geprägt von nicht antrainierten Verhaltensweisen und Reflexen.

Ganz oben auf der Favoritenliste stehen natürlich Schlafen, das Aufsuchen von Wärme und nicht minder wichtig: die Nahrungsaufnahme. Durch ihre Fähigkeit zur Unterscheidung von Temperaturen können Welpen sich immer wieder zur Zitzen-Region der Mutterhündin hin robben. Vom angeborenen Saugreflex angetrieben, trinkt ein Welpe bis zu 40 Mal innerhalb von 5 Stunden. Kein Wunder also, dass die Mutterhündin gerade in den ersten Tagen im Grunde die ganze Zeit bei den Welpen verbringt.

Ähnlich einem großen U liegt sie, die Welpen einrahmend, in der Wurfbox und wärmt sie auf diese Weise, während sich die Welpen durch das sogenannte Haufenliegen zusätzlich gegenseitig wärmen. Eine eigene **Thermoregulation** schafft der kleine Welpenkörper anfangs noch nicht, da ihm dazu noch die nötige Fläche fehlt. Die Augen und Ohren der Winzlinge sind verschlossen und öffnen sich jeweils erst um den 12-ten bis 14-ten Tag herum. Besonders bemerkenswert ist, dass die Nervenfasern bei einem Welpen noch nicht myelinisiert sind. Die Myelinisierung im Rückenmark findet in den ersten Tagen nach der Geburt statt, wobei sie vom Kopf ausgehend abwärts Richtung Rute verläuft.

Das bedeutet, dass die vollständige Nervenentwicklung (insbesondere der hinteren Extremitäten) erst weiter voranschreitet, wenn der Welpe schon auf der Welt ist. Deswegen ziehen sich Welpen zu Beginn erst ausschließlich mit den Vorderläufen von A nach B. Im Verlaufe der ersten Wochen erlangen auch die hinteren Extremitäten zunehmend mehr Kraft und können vom Welpen daher immer mehr angesteuert und bewegt werden.

Von übermäßiger und falscher Hygiene sollte – zumindest, was die Gesäugereinigung angeht – gerade in den ersten Tagen abgesehen werden.

Bedenkt man die Häufigkeit, mit der die Welpen in den ersten Tagen die Milchbar aufsuchen, so sollte klar sein, dass unnötige Mengen davon hier direkt auf die Schleimhäute der Welpen treffen. Der Organismus der Mutterhündin und somit auch der der Welpen ist absolut auf das Keimmilieu der gewohnten Umgebung eingestellt, sodass sie sich damit gut auseinandersetzen können! Das Immunsystem der Kleinen wird durch ein ganz normal sauberes Umfeld mit üblicher Keimbesiedelung einfach nur trainiert!

Veränderungen in der Wurfkiste

Schon zu Beginn der zweiten Lebenswoche kommt ein wenig mehr Bewegung in die Wurfkiste. Das Krabbeln wird immer weiter ausgeweitet und auch die Hinterbeinchen sind daran zunehmend beteiligt. Auch liegen Mutterhündin und Welpen nicht mehr den ganzen Tag in besagtem U. Der Nachwuchs verteilt sich stattdessen immer häufiger innerhalb der Wurfkiste und beginnt so, sich aus dem ursprünglichen Welpenhaufen zu lösen. Dies hängt damit zusammen, dass die eigene Thermoregulation der Welpen nach und nach immer besser funktioniert, sodass Mutter und Geschwister nicht mehr fortwährend für das Aufrechterhalten der Körpertemperatur benötigt werden. Die Häufigkeit des Säugens nimmt entsprechend auch immer mehr ab, weswegen sich die Hündin nun auch Auszeiten nimmt und die Wurfkiste immer mal wieder verlassen kann.

So begleitet sie in dieser Phase beispielsweise ihre Menschen gerne wieder zu kurzen Spaziergängen oder legt sich einfach für kurze Ruhepausen auch einmal vor der Wurfkiste ab, um tiefer und erholsamer schlafen und dösen zu können – schließlich ist diese Zeit für sie ohnehin sehr kräftezehrend.

Während das Saugen der Welpen an den Zitzen in den ersten Tagen eher reflexartig verläuft, verwandelt sich diese Tätigkeit in den folgenden Tagen und Wochen immer mehr in eine bewusste Handlung. Das zentrale Nervensystem sowie das Rückenmark kommen immer mehr ins Spiel und führen dazu, dass die Bewegungen immer bewusster ablaufen. Durch die Myelinisierung der dort verlaufenden Nervenbahnen erhöht sich die Geschwindigkeit der Reizweiterleitung und auch die bereits aktiven Sinnesorgane vollbringen in diesem Stadium bereits Bestleistungen.

Zu Beginn der zweiten Woche sind dies vornehmlich der Tastsinn und das damit verbundene Empfinden von Temperaturunterschieden. Anhand der Wärmerezeptoren (vornehmlich im

Gesichtsbereich) finden die Welpen, die sich abseits der anderen aufgehalten haben, immer wieder zurück zur Milchbar der Mutter und zu ihren Geschwistern.

Auch die Stimme nimmt zunehmend mehr ihre Tätigkeit auf und durch unterschiedliche Laute werden bereits erste Befindlichkeiten ausgedrückt. Diese Töne, anhand derer man bereits ablesen kann, ob sich jemand gerade lautstark protestierend auf dem Weg zur Milchbar befindet oder ob er womöglich wirklich »in Not geraten« ist, kennt wohl jeder Züchter nur zu gut.

Sie nehmen die Welt wahr!

Um den zwölften Tag herum beginnen sich nun auch Augen und Ohren der Welpen langsam zu öffnen, wobei noch einmal einige Tage vergehen, bis die Welpen ihre Umwelt wirklich scharf sehen und auch vernünftig hören können. Zudem ist die Entwicklung jedes einzelnen Welpen diesbezüglich sehr individuell. Während ein Geschwisterchen schon die Augen ganz geöffnet hat, kann ein anderes diese durchaus noch fest verschlossen haben. Ab diesem Zeitpunkt ist die als vegetativ bezeichnete Zeit vorbei. Hieß es bis hierhin nur zu existieren, Milch zu trinken und der Wärme hinterher zu robben, wird jetzt eine sehr rasante Entwicklung eingeläutet. Es ist jedoch immer wieder erstaunlich, wie schnell diese Zeit vergeht – ist sie doch für Züchter immer ein bisschen die des Luftanhaltens, ob alle Welpen die erste anstrengende Zeit auch überstehen und sich entsprechend entwickeln.

Neben dem, dass man auf der einen Seite zwar doch ein wenig darum bangt, ob alles gut geht, alle Welpen durchkommen und die Mutter alles so gut regelt, wie man sich das wünscht, sind gerade die ersten beiden Wochen nach der Geburt eigentlich noch eine sehr entspannte Phase für den Züchter. Natürlich müssen wir darauf achten, dass regelmäßig alle Welpen gewogen sind, die Welpen an Gewicht zunehmen und alles in der Welpenumgebung ordentlich und sauber ist. Alles andere übernimmt die Mutterhündin, wenn alles gut und natürlich abläuft. Es ist schon erstaunlich, wie instinktgetreu eine Hündin in dieser Situation handelt.

Die Natur hat die beste Vorbereitung getroffen

Ich lese immer diese ganzen Berichte in den sozialen Medien, dass ausgerechnet diese eine Hündin so wahnsinnig instinktsicher ihren Wurf zur Welt gebracht hat und alles gemacht hat, wie es im Bilderbuch steht. Ich glaube, dass jede Hündin, die grundsätzlich sozial kompatibel ist, und nicht gute Gründe hat, anders zu sein, dies so macht. Um die ein oder andere Illusion an dieser Stelle vielleicht ganz unromantisch zu nehmen: Es ist die natürlichste Sache der Welt und biologisch betrachtet nichts Außergewöhnliches.

Denn letztendlich geht es nur um das Überleben ihrer Spezies. Natürlich hat Mutter Natur es wunderbar eingerichtet, dass alle Hormone, die in dieser Zeit eine wichtige Rolle spielen, in Aktion treten.

Es wäre enttäuschend, wenn wir der Hündin eine Erklärung dafür geben müssten, wie alles funktioniert. Selbstverständlich sind wir bei jedem Wurf aufs Neue gespannt, ob alles so reibungslos klappt und insbesondere beim ersten Wurf einer Hündin sehr neugierig auf ihr Verhalten.

- Wie wird sie das bewerkstelligen?
- Werden die Welpen sofort von ihr angenommen?
- Wie wird sie sich auch um die Welpen kümmern?

In Wahrheit sind sie ganz oft nicht zimperlich.
Wir Menschen betrachten die neugeborenen Welpen manchmal fast wie rohe Eier und man traut sich kaum, sie zu berühren, so frisch geschlüpft.
Denke ich daran, wie unterschiedlich die verschiedenen Hündinnen mit ihren Welpen umgingen, deren Würfe ich großgezogen habe, war von sehr vorsichtig und zögerlich bis hin zu sehr robust, alles dabei!

Ich glaube, dass es wichtig ist, der Hündin und den Welpen diese erste besondere Zeit des Bondings einfach zu geben. Ich glaube, dass es so unglaublich wichtig ist, einer Mutterhündin und ihren Welpen etwas Zeit zu geben. Dass nicht sofort viele Besucher auf der Matte stehen. Gar nicht unbedingt aus hygienischer Sicht. Denn insbesondere in den ersten Lebenstagen sind die Welpen über die Immunvorbereitung der Mutterhündin und die Erstversorgung mit Kolostrum gut aufgestellt.

Eine Hündin, die ein gutes Immunsystem mit ihrer Umgebung angelegt hat, kann dies gut an ihre Welpen weitergeben. Vielmehr ist Ruhe zu Beginn so wichtig, um die Zeit des Kennenlernens zwischen der Hündin und ihren Welpen so stressarm, wie möglich sein sollte. Viel Besuch, viele Leute, Gedöns und Sorgen des Züchters tragen dazu selten bei.

Sicher beobachtet man Welpen und Mutter zu Beginn sehr genau und bemerkt jede kleinste Auffälligkeit, aber man sollte nur dann eingreifen, wenn es unbedingt erforderlich ist.
Es ist beispielsweise nicht selten, dass in den ersten Tagen nach der Geburt je nach Rasse kein großer Appetit bei der Hündin vorhanden sein kann, besonders bei Hündinnen, die normalerweise nicht so verfressen sind.

Als Züchter haben wir hier immer einige Parameter im Auge, die wir sehr genau überwachen, um zu verhindern, dass wir etwas übersehen. In den ersten 14 Tagen ist es jedoch normalerweise lediglich ein Ankommen, Schauen und einfach in Ruhe ankommen lassen.

Kapitel

2

DIE WURFKISTE WIRD QUICK-LEBENDIG

Von der 3. Woche – die Übergangsphase

In der dritten Lebenswoche der Welpen, die auch Übergangsphase genannt wird, erleben wir große Entwicklungssprünge, die sehr stark von den neu erworbenen Sinnesleistungen, wie Sehen und Hören, aber auch von den neuen Möglichkeiten der Fortbewegung geprägt sind. Die Öhrchen, welche direkt nach der Geburt lediglich wie an den Kopf montierte Hautanhängsel wirken, wachsen im Verhältnis zum restlichen Körper nun schneller und erhalten mit zunehmendem Hörvermögen auch ihre vollständige Funktion.

Auch das Sichtfeld nimmt nach und nach weiter zu. Wurde zunächst nur schemenhaft wahrgenommen, was um einen herum passiert, so stellen sich nach und nach die Augen scharf und der Blick wird zielgerichteter. Aus den kriechenden Bewegungen werden erste Versuche, alle vier Beine zum Hochstemmen und Laufen zu nutzen. Das sieht vorübergehend zwar noch sehr wackelig aus, wird aber – vergleicht man Welpen noch einmal mit Menschenkindern – überragend schnell immer sicherer.

Auf einmal kommt also richtig Leben in die Wurfkiste. Aufgrund der neuen Fähigkeiten werden als erstes die Geschwister ganz anders wahrgenommen und neu entdeckt. **Erste zaghafte Interaktionen können ab jetzt beobachtet werden**.

Doch schon nach wenigen Tagen werden diese Kontakte bereits etwas intensiver und erste Rangeleien auch einmal ruppiger, sodass es nicht verwundert, dass auch neue Laute im Repertoire der sich ausprobierenden Welpen auftauchen. So geben diese schon wenige Tage nachdem sie selbst hören können erste – zunächst noch ungerichtete – Bell- und Knurrlaute von sich. Bisweilen hat man regelrecht das Gefühl, dass die Welpen selbst recht erstaunt darüber sind, was und wen alles in ihrer unmittelbaren Umgebung gibt, aber auch darüber, welche Möglichkeiten sie nun selbst haben, diesen Eindrücken zu begegnen. Hin & wieder wird sich auch selbst über das eigene Bellen erschrocken und erstmal abgewartet, ob eine und wenn ja, welche Resonanz, darauf erfolgt. Erste Lernerfahrungen werden bereits jetzt gesammelt und Obacht: genau deswegen gilt es diese auch bereits ab diesem frühen Zeitpunkt auch von Züchterseite etwas zu steuern.

Jetzt ist die Zeit des Kennenlernens!

So zum Beispiel kann man den Welpen regelmäßig neue, unbekannte Gegenständen in der Wurfkiste präsentieren und ihnen damit die Möglichkeit geben, zu entdecken, was man mit diesen anstellen kann. Ebenso darf in dieser Zeit schon ein wenig an der Geräuschgewöhnung der Welpen gearbeitet werden, denn nun treffen die akustischen Reize auch auf Gehör. Eine liebevolle und regelmäßige soziale Zuwendung erhöht überdies die Lerngeschwindigkeit und ermöglicht auch eine frühzeitige und positive soziale Prägung auf den Menschen. Hier reichen übrigens anfangs schon wenige Minuten pro Tag und Welpe, die man sich aber unbedingt nehmen sollte, weil man den Welpen das spätere Leben dadurch ungemein erleichtert. Auch ein ruhiger und umsichtiger Besuch kann nun durchaus schon eingeladen werden. So können die Welpen schon früh weitere menschliche Gerüche erkunden und lernen, dass es durchaus sehr unterschiedliche Menschen gibt. Bei alledem ist es aber wichtig, den Welpen alle Reize möglichst dosiert zu präsentieren, damit sie nicht gleich durch Unmengen verschiedener oder zu starker Eindrücke überfordert werden.

In dieser Phase steigt das Arbeitspensums des Züchters also rasant an. Dies ist nicht zuletzt darauf zurückzuführen, dass die Reinigung der Welpen nicht mehr vollständig von der Mutterhündin übernommen wird. Zudem steht die erste Wurmkur ebenfalls zu Beginn dieser Zeit an. Die Mutterhündin wird derweil bestenfalls immer entspannter und »überlässt« ihren Menschen die Aufgaben zunehmend gern. Lange schon liegt sie nicht mehr den ganzen Tag in der Wurfkiste und ruht eher außerhalb dieser. Nicht mehr jedes Quieken lässt sie

aufschrecken und hektisch zu ihren Welpen eilen. Auch sie hat schnell gelernt, zu unterscheiden, ob es gerade wirklich nötig ist, nach dem Nachwuchs zu sehen oder nicht. Den Rhythmus des Säugens legt sie zunehmend mehr nach ihren eigenen Bedürfnissen fest – meist säugt sie einige Zeit nach dem Fressen, wenn ihr Gesäuge gut gefüllt ist. Auch für längere Spaziergänge und andere leichtere Aktivitäten ist sie mittlerweile wieder offen, denn wie bei uns Menschen schaden auch Hunde-Müttern ein wenig Ablenkung und Bewegung nicht.

Bei sehr großen Würfen kann es sinnvoll sein, die Welpen gegen Ende der dritten Woche bereits ein wenig zufüttern, um die Hündin zu entlasten. Dennoch sollte die Futterration der Hündin derweil keineswegs gekürzt, sondern eher noch erhöht werden, da die Milchleistung in der kommenden vierten und fünften Woche am höchsten sein wird und die Hündin daher keinesfalls zu diesem frühen Zeitpunkt schon abbauen sollte!

Von der 4. bis zur 9. Woche – die sensible Phase beginnt

In etwa mit der vierten Lebenswoche beginnt die sensible Phase, welche ungefähr den Zeitraum bis zur 16.Woche beschreibt. Umweltreize und die Erfahrungen damit, werden in dieser Zeit besonders schnell verarbeitet und abgespeichert. Diese Zeit nennt sich nicht umsonst die »sensible Phase« eines Hundes, da in diesem kurzen Zeitraum die meisten präge-ähnlichen Prozesse ablaufen und die wichtigsten Lernerfahrungen gemacht werden – zumindest dann, wenn der Welpe/Junghund die Möglichkeit dazu bekommt. In diesem Zeitraum sollte dem jungen Hund also Vieles zur Verfügung gestellt werden, was seiner Habituation und Sozialisation dienlich ist, da genau diese Prozesse später nicht mehr im gleichen Maße möglich sein werden.

Man bekommt ja immer so wahnsinnig viele Ratschläge, was man alles tun sollte, bevor man sich einen Hund zulegt – auch zur Auswahl des Züchters, der Zuchtstätte. Oder es werden dir gute Tipps gegeben, was für ein Bild du dir von den Elterntieren machen solltest, bevor du dich für einen Welpen aus einem bestimmten Wurf entscheidest.
Ich bin mir völlig bewusst, dass man den größten Lerneffekt aus Erfahrungen erhält, die man selbst gemacht hat. Aber mal ganz ehrlich – möchtest du unbedingt jeden Fehler selbst machen und mit der Konsequenz für die vielleicht 14 Jahre Hundeleben leben?
Ich wünsche dir, dass du so manchen Ratschlag annimmst und vielleicht die ein oder andere Abkürzung nehmen kannst.
Es ist ja nicht so, als wären mir alle Fehler, die ich im Hundehalterleben gemacht habe unerträglich gewesen. Sicher haben sie einen großen Teil zu dem Wissen von heute beigetragen. Aber es könnte dein Leben an der ein oder anderen Stelle leichter machen.
Da waren wir nun. Die Diskussion um einen ersten eigenen Hund nahm endlich Form an. Nachdem wir unzählige Male den Dackel meiner Oma gehütet hatten (nicht selten, weil ich ständig darauf pochte, dass er doch das Wochenende bei uns verbringen könne), schon einen Tierheimbesuch hinter uns hatten und meine Eltern sich unzählige Gedanken gemacht hatten, waren wir bei dieser »Züchterin«. Ihre Anzeige war meiner Mutter in einer Hundezeitschrift ins Auge gefallen.
Schnell war ein Termin für das Wochenende vereinbart. 2 Rüden waren auch noch zu vermitteln. Fragt mich jetzt bitte nicht, weswegen es unbedingt ein Rüde sein musste. An den Grund dafür erinnere ich mich nicht mehr.
Endlich schienen all meine Quengeleien, dass ich mit einem Hund sicher weniger Langeweile am Wochenende hätte, ein Ende zu haben. Dies war eines der vielen Tools, die ich ganz gerne nutzte, um meinen Eltern sehr nachhaltig auf die Nerven zu gehen und endlich mein Ziel zu erreichen.
Es war sicher auch nicht ganz in ihrem Sinne, dass ich in jedem benachbarten Haushalt alle Hunde beim Namen kannte und mich immer so lange mit diesen beschäftigte, dass es meiner Mutter schon langsam peinlich wurde und sie mich oftmals einsammeln kam.
Jetzt standen wir also bei dieser Dame. »Nur mal gucken« war der Plan, welcher bekanntermaßen hervorragend funktioniert, wenn niedliche Hundewelpen im Spiel sind – nämlich gar nicht.
Ich erinnere mich noch dunkel an einige weitere »Ausläufe« voll mit Hunden rund um diese Zwingeranlage, zu der wir gingen. Sie war sauber und ordentlich, keine Frage.
Von der Mutterhündin war weit und breit nichts zu sehen. Sie war sicher mit den anderen Hunden draußen. Räusper.
Die Dame setzte 3 Welpen in einen separaten Auslauf. Wir hatten die Auswahl zwischen »Nora, Neptun und Nemo«. Da saßen sie mit Kulleraugen und voll gefressenem Welpenbauch, einfach unheimlich niedlich dreinschauend. In dem Moment war schon klar, dass wir ohne Vierbeiner diesen Ort nicht mehr verlassen würden.
Nora war raus, weil es ein Rüde sein sollte und in den Augen meiner Mutter war »Nemo« irgendwie ein bisschen niedlicher. Hervorragendes Kriterium, um sich einen Hund auszusuchen. (Dass es sowieso unheimlich viele Kriterien gegeben hätte, sich gegen einen Hund von dort zu entscheiden, lassen wir jetzt mal außen vor).
Gesagt, getan. Wie es sich für einen guten Züchter gehört, war der Welpe prompt verfügbar

und konnte auch gleich mitgenommen werden. (Heute entlockt mir diese Geschichte eigentlich stetiges Kopfschütteln.)
Man befasste sich noch mit einigem Papierkram. Eine wunderschön bunte Ahnentafel gab es auch noch dazu. Diese habe ich sogar heute noch und muss immer schmunzeln, wenn ich das tolle Siegel des »IRZ« auf ihr sehe. Sieht wichtig aus, bedeutet aber: hätte man sich auch selbst in Photoshop zusammensetzen und ausdrucken können.
Es gab noch ein paar Dinge als Erstausstattung mit nach Hause, die wichtig sein sollten und los ging es. Welcome to our life – Nemo.

Die Habituation meint dabei die Gewöhnung an die unbelebte Umwelt. Diese wird dadurch erreicht, dass der junge Hund nun mit vielen unbelebten Objekten vertraut gemacht wird und sich mit diesen auch intensiv auseinandersetzen darf. Bestenfalls speichert der Welpe dabei immer wieder ab, dass viele dieser Dinge ungefährlich und beherrschbar sind, sodass er später ein umweltsicherer und entspannter Zeitgenosse werden kann.

Erreicht werden kann diese Habituation durch eine gezielte und gestaffelte Vorstellung verschiedener Spielzeuge und Alltagsobjekte, unterschiedlicher Bodenbeschaffenheiten sowie diverser »typisch menschlicher Krachmacher« (vom Fernseher, über den Staubsauger bis hin zum Rasenmäher sollte möglichst von allem etwas dabei sein) – der Kreativität sind hier keine Grenzen gesetzt. Das Entdecken all dieser Umweltreize ist so etwas wie eine spielerische Frühförderung für Welpen.

Die Umwelt will erkundet werden

Mit der Sozialisation ist hingegen die Gewöhnung an die belebte Umwelt gemeint und auch diese sollte in der sensiblen Phase keinesfalls zu kurz kommen. Zunächst sind es natürlich Mutter und Geschwister und gegebenenfalls auch andere im Haushalt befindliche Hunde, mit denen die Welpen beginnen zu interagieren. Später dürfen auch andere Lebewesen zur Sozialisation herangezogen werden. Es kann nur von Vorteil sein, wenn ein junger Hund schon mal eine Katze, ein Kaninchen und vielleicht sogar ein Reh gesehen und positiv verknüpft hat.

Spielt das Wetter einigermaßen mit, so kann der Auslauf jetzt auch schon zeitweilig von innen nach außen verlegt werden. Erste Ausflüge in einen welpensicheren Außenbereich sind vor dem Hintergrund einer möglichst vollständigen Habituation und Sozialisation sogar eine sehr gute Idee. Am ersten und zweiten Tag sieht das Erkundungsverhalten dort zwar meist noch etwas verhalten aus und die Energie reicht nicht für lange Ausflüge, aber nach wenigen Tagen wandelt sich das Bild bereits.

Die Welpen orientieren sich in diesem Alter noch sehr stark an den Verhaltensweisen der Mutter, sodass man diese zu solchen ersten Ausflügen unbedingt hinzunehmen sollte, sofern sie selbst umweltsicher, entspannt und somit ein gutes Vorbild für die Welpen ist. Auf diese Weise können sie sich abschauen, dass man sich auch in der neuen Umgebung und angesichts neuer Umwelteinflüsse ruhig und gelassen verhalten kann. Der Welpenauslauf sollte der Mutterhündin jedoch immer die Möglichkeit geben, sich von ihren – in diesem Alter zumeist sehr fordernden und aufdringlichen Welpen – zurückziehen zu können.

Sind weitere – sozial sichere und freundliche – Hunde im Züchterhaushalt vorhanden, wäre es jetzt ein guter Zeitpunkt diese mit den Welpen vertraut zu machen. Eine solche Zusammenführung wird zu Beginn zwar sicherlich von der Mutterhündin sehr kritisch beäugt werden und vielleicht gibt es auch die ein oder andere Ansage ihrerseits, jedoch ist draußen in aller Regel mehr Platz dafür und der Stress aller Beteiligten ist dadurch geringer. Sind die Grenzen jedoch einmal klar abgesteckt und kennen alle Beteiligten die Spielregeln, dann freut sich eine Mutterhündin in der Regel über sozial kompetente Betreuungshilfe der Welpen, um sich ein wenig aus dem Geschehen zurückziehen und erholen zu können!

Die Ausdauer steigt

Neben dieser geistigen Entwicklung finden Welpen aber natürlich auch auf der körperlichen Ebene ab der vierten Woche weiterhin große Entwicklungen statt. Die Wachphasen der Welpen werden nun immer länger und so kann auch alles, was dargeboten wird, ganz genau unter die Lupe genommen werden. Der Bewegungsapparat wird immer feiner abgestimmt, wodurch die motorischen Fähigkeiten und das Laufen verbessert werden. So können die ersten Streifzüge außerhalb der Wurfkiste – im hoffentlich vorhandenen, gesicherten Welpenauslauf – auch diesbezüglich besser gemeistert werden.

Hat die Mutterhündin nach wie vor ausreichend Milch, so ist eine Zufütterung in der vierten Woche noch nicht unbedingt notwendig. Allerdings kann hier schon mit kleinen, zusätzlichen Mahlzeiten begonnen werden, um den Verdauungstrakt der Welpen langsam zu trainieren. Ab der fünften Woche sollte dann allerdings wirklich zur Entlastung der Hündin zugefüttert werden! Ein Aspekt, der den späteren Hundebesitzern enorm helfen kann, ist dabei die Konditionierung auf eine Pfeife für das Herankommen. Wird beim Füttern der Welpen schon von

Beginn an eine Pfeife verwendet, verbinden die kleinen Zwerge recht schnell die Pfeife mit einem positiven Erlebnis und kommen auf Pfiff freudig heran. Führt der spätere Welpenbesitzer dieses Training fort, so hat er schon eine gute Grundlage für sein weiteres Rückruftraining!

Auch die ersten Milchzähne kommen in der vierten Woche nach und nach zum Vorschein, was den Geschwistern im Spiel und auch uns Menschen im Kontakt mit Welpen nicht verborgen bleibt. Häufig wissen die kleinen Piranhas nämlich ihre Zähnchen noch nicht dosiert genug einzusetzen, weshalb im Auslauf jetzt häufig ein grelles Quietschen oder auch Fauchen zu hören sein wird, wenn ein Geschwisterchen mal wieder die Zähne des anderen gar zu deutlich zu spüren bekommt.

Doch gerade durch diese Reaktionen des Sozialpartners, wenn der Kontakt etwas zu heftig war, werden die ersten Schritte in Richtung Erlernen der Beißhemmung gemacht. Denn wenn das Geschwisterchen quiekt und den Kontakt beendet, dann lernt der »Angreifer« automatisch, dass zu ruppiger Einsatz der Zähne zu Spielabbruch führt und wird sich nach einigen Wiederholungen sicherlich überlegen, etwas sanfter vorzugehen. Vorsicht ist hier bei Einzelwelpen geboten, da diese solche Erfahrungen natürlich anderweitig sammeln müssen.

Prozesse wie das Erlernen der Beißhemmung oder auch anderer sozialer Interaktionen – also zu lernen wie mein Gegenüber bei Handlung A oder B reagiert und wie ich wiederum darauf angemessen reagieren könnte – gehören zu den erfahrungsabhängigen Lernprozessen. Sie haben also im Gegensatz zu prägeähnlichen Lernprozessen etwas mit Erfahrungswerten und daraus resultierender Einsicht zu tun. Solch soziale Erfahrungen sind also durchaus sehr wichtig für das spätere Sozialverhalten eines Hundes!

Im gleichen Zeitraum zeigt sich noch ein weiteres Sozialverhalten, das gefördert werden darf und sollte. Die Welpen haben von Anfang an den Drang – zunächst nur der Mutter und ihren Geschwistern, sehr bald jedoch gleichermaßen auch den ihnen bekannten Menschen – zu folgen, ihnen quasi nachzulaufen. Sie zeigen somit erste Anzeichen von Folgetrieb und Bindungswunsch, die es frühzeitig zu fördern und zu belohnen gilt.

Die Party wird wild

Ab der sechsten Lebenswoche scheint die Neugier der kleinen Vierbeiner schier unendlich zu sein. Alles wird erkundet und das findet übrigens nicht nur optisch statt sondern auch und vor allem oral, sprich: vor allem Maul und Zähne untersuchen alles, was ihnen unterkommt.
Hat man als Züchter in den letzten Wochen noch häufig gespannt vor der Wurfkiste gesessen und versucht den Moment zu erhaschen, wo die kleinen Mäuse mal aktiver sind, so ist man jetzt froh, wenn alle kurz zur Ruhe kommen, um einmal gründlich reinigen zu können, ohne dass der eine in die Füße und der andere in den Wischmopp beißt.

Diese gesteigerte Aktivität und Neugier bedeuten daher auch erhöhte Anforderungen an den Welpenauslauf. Zum einen wird spätestens jetzt klar, ob dieser tatsächlich ausbruchsicher ist, zum anderen ist ab sofort eine stetige Erweiterung mit mehr Raum und neuen Reizen sinnvoll. Gut beraten ist also der Züchter, der sich in den ersten Wochen noch ein wenig Platz und einige Reize für später »aufgehoben« hat, denn sonst ist den Welpen in dieser Phase schnell langweilig und es wird aus Frust zerlegt, was da ist, und laut protestiert.

Die Mutterhündin zieht sich derweil immer mehr von den Welpen zurück. Zum einen, weil die kleinen Milchsauger immer ruppiger werden und die mittlerweile voll ausgebildeten, spitzen Milchzähne sehr unangenehm sind, und zum anderen, weil sie sich selbst körperlich von der Aufzucht beginnt zu erholen.

Auch längere Ausflüge tritt sie gerne wieder alleine mit ihren Menschen an. Die Ernährung der Welpen liegt nun auch weitestgehend in Züchterhand. Hier sollte insbesondere darauf geachtet werden, dass die Welpen hochwertige Futtermittel bekommen, aber auch darauf, dass das

Nahrungsangebot möglichst abwechslungsreich gestaltet wird. Eine solche Futtergewöhnung ist sinnvoll, da der Darm der noch jungen Hunde dadurch lernt, mit unterschiedlichem Futter umzugehen.

Insbesondere Spielgeräte, durch die die Welpen ihre körperliche Koordination schulen können, sollten jetzt beigebracht werden! Dies können beispielsweise kleine Hängebrücken, Wackelbretter, leicht abschüssige Rampen oder Tunnel sein. Solch ein Abenteuerparcours erfreut sich bei den Welpen jetzt immer größerer Beliebtheit. Wer kleine Ausflüge mit den Welpen plant, der kann diese nun ebenfalls in Angriff nehmen und die ersten kurzen Autofahrten zu geeigneten Zielen vornehmen.

Ein solcher Road-Trip ist die ersten Male zwar noch ziemlich aufregend für die Welpen, doch je frühzeitiger sie sich daran gewöhnen können, desto besser. Schließlich werden Autofahren und das Erkunden neuer Orte später für fast jeden Hund zum Alltag gehören. Daher ist es nur von Vorteil, wenn die Kleinen solche Erfahrungen noch im Schutze ihres Rudels unternehmen können und nicht zum ersten Mal damit konfrontiert werden, wenn sie beim Züchter abgeholt werden und ohnehin großen Stress haben.

Auch wenn andere Hunde mit im Haushalt leben, die gut mit Welpen umgehen können, sollte davon zunehmend mehr Gebrauch gemacht werden, damit die Mutterhündin entlastet wird und die Welpen zugleich ihre sozialen Fähigkeiten weiter ausbauen können – schließlich ist das Verhaltensrepertoire eines erwachsenen Hundes weit umfangreicher und erprobter als das der Geschwister.

Weitere Hunde im Züchterhaushalt sind wirklich etwas Feines.
Schon ganz früh stellt sich auch für mich immer wieder heraus, wer wirklich toller Babysitter wird oder eine tolle Babysitterin. Hier bestätigt sich das, was man beispielsweise auch in Freilandbeobachtung, bei den nahen Verwandten, den Wölfen, gut aus verschiedenen beobachtenden Studien kennt, dass insbesondere die jungen Erwachsenen sehr gut geeignet sein können, einen großen Teil der Welpenerziehung ab einem bestimmten Alter der Welpen zu übernehmen.
Bei manchen vielleicht weniger Welpenerziehung, als Welpenbespaßung. Die jungen erwachsenen Hunde finden es häufig selber auch wahnsinnig toll, mit diesen kleinen Kerlchen zu agieren. Ich kann mich noch gut daran erinnern, als meine Hündin Summer gerade ein Jahr alt war und wir einen Wurf liegen hatten von einer anderen Hündin.
Diese waren damals ungefähr 5, 6 Wochen und es war zu diesem Zeitpunkt Sommer. Es war schon sehr warm. Wir hatten den Welpenauslauf draußen auf der Terrasse und natürlich so gesichert, dass die Mutterhündin sehr gerne hineinkonnte, wenn sie das wollte, aber es nicht unbedingt tun musste. Die anderen Hunde aus dem Rudel, welche immer die Wahl gehabt

hätten, sich aber nie getraut hätten, wären auch nie auf die Idee gekommen, selbstständig in den Welpenauslauf hineinzuhüpfen.

Summer war schon immer ganz begeistert von den Welpen und hatte alles stets sehr genau angeschaut, was Tara, die Mutterhündin, mit ihren Welpen machte. Dann, an einem Tag, hatte sie sich irgendwie ein Herz gefasst und sprang freiwillig über diese Absperrung zu den Welpen hinein. Als ich wieder auf die Terrasse herauskam, saß sie im Welpenauslauf und nahezu alle Welpen waren um sie versammelt. Sie versuchten verzweifelt, an ihrer Gesäugeleiste Milch zu finden.

Summer hatte ein bisschen einen Gesichtsausdruck von: auf der einen Seite, glücklichem: Ui, ich bin endlich bei den Welpen. Auf der anderen Seite, ein doch leicht verwirrter Ausdruck, was diese kleinen Zwerge da jetzt gerade unbedingt bei ihr wollten.

So ging das natürlich fröhlich weiter. Sie nutzte jede sich bietende Gelegenheit um sich mit diesen Welpen auch entsprechend zu befassen. Als die Welpen auch später unter Aufsicht im Garten freilaufen durften, spielte sie gerne mit ihnen und baute immer wieder kleine Erziehungsspielchen mit ein.

Solche Geschichten gibt es tatsächlich viele. Auch sehr niedlich zu beobachten war, als zwei zeitlich gesehen sehr nahe Würfe, nacheinander da waren und ein Rüde (Nike) aus dem vorangegangenen Wurf noch bei uns war. Als der weitere Wurf fiel, war Nike 5 Monate alt. Mit zunehmendem Alter der Welpen, wurde natürlich auch für diese wieder der Welpenauslauf aufgebaut und alles mit Spielzeug für ein wenig Abenteuer bestückt. Nike konnte es gar nicht fassen, als dieser Welpenauslauf im Laufe der Zeit vergrößert wurde und welpengerecht mit Spielzeugen, Hindernissen und vielem weiteren eingerichtet war.

Vielleicht dachte er ähnliches, wie: »Klasse, es sind meine Spielzeuge wieder überall zu sehen.« Wie selbstverständlich hüpfte er zu den Welpen und nutzte gerne mit ihnen das gesamte Inventar. Regelrecht im siebten Himmel war er, als er sich mit all seinen neuen kleinen Freunden auch weiter in seinem Kinderspieleparadies beschäftigen durfte.

Manchmal kann die Konstellation durch mehrere Alttiere im Haushalt aber auch ein wenig kritisch sein. Beispielsweise hatten wir einen Golden-Wurf liegen und die Mutterhündin versorgte von Tag 1 an ihre Welpen super. Aber gerade in der Zeit, als die Welpen zahnten, also die ersten spitzen Milchzähnchen durchkamen, war Cuba doch das eine oder andere Mal etwas unsicher, wie sie jetzt mit diesen

nadelspitzen Zähnen umgehen sollte und ob sie das wirklich wollte, dass damit an ihrem Gesäuge herumzogen wurde.
Mit einigen Wochen ist das Trinken an der Milchbar wahrlich kein sanftes Unterfangen mehr und Cuba versuchte, sich dem immer mehr zu entziehen.
Ihre große Freundin, Summers Mutter Hazel, war eine sehr, sehr mütterliche Hündin, die prinzipiell jeden Welpen gerne adoptiert hätte. Wie es ihrem Gemüt entsprach, wurde sie jedes Mal scheinträchtig, nach ihren Läufigkeiten und wenn dann auch noch zufällig Welpen im Haus waren, erst recht. Als Cuba nicht so genau wusste, wie sie jetzt mit ihren zu säugenden jedoch scharfzahnigen Welpen verfahren sollte, verließ sie häufiger die Wurfkiste oder den Wurfbereich, um sich so ein bisschen Raum zu verschaffen.
Da hatte es Hazel fast als ihre Aufgabe angesehen, diese nun »mutterlosen« Welpen in ihre Obhut zu nehmen. Denn eine halbe Stunde einfach fern von ihnen bleiben, war anscheinend in ihren scheinträchtigen Augen ein wenig zu viel des Guten.
Sie sprang in die Wurfkiste hinein, nutzte die Gelegenheiten, wenn die Mutterhündin gerade einmal nicht da war. Wir beobachteten das Spiel und ließen sie erst einmal gewähren, es schien vorerst Cuba ganz recht zu sein, dass jemand die Versorgung der Welpen in dieser Form mit übernahm.
Wir schauten erst einmal, wie sich das ganze entwickelt, denn schließlich ist es gar nicht selten, dass Hündinnen, die gemeinsam leben, auch entsprechend Würfe zusammen großziehen.
Selbstverständlich hatte Hazel auch Milch, so hatten die Welpen schnell herausgefunden, dass das Trinken bei der Tante auch funktionierte.
Sie liebte es und ging ganz auf in der Rolle der Nanny mit Futterstatus.

*KLEINER EXKURS: Scheinträchtigkeit, was ist das genau?

Viele Hündinnenbesitzer halten die Scheinträchtigkeit und die folgende Scheinmutterschaft für einen krankheitsähnlichen Zustand.

Nicht selten wird auch heute noch sofort zur Kastration geraten, ob von Fachpersonal, oder durch gut gemeinte Tipps von gefragten und nicht gefragten Menschen.

Im Grunde ist dieser Zustand völlig normal und von der Natur so eingerichtet. Es ist ein Erbe, das man auch bei den Ahnen unserer Hunde, den Wölfen, beobachten kann. Hier hat es auch eine biologisch wichtige Funktion. Jede Hündin, die alt genug ist, läufig zu werden, hat nach der Läufigkeit einen persistierenden Gelbkörper am Eierstock. Dieser ist bei einer belegten Hündin verantwortlich für die Aufrechterhaltung der Tragezeit.

Ist die Hündin nicht belegt, hat sie diese hormonelle Einwirkung dennoch. Sie durchläuft also hormonell betrachtet einen ähnlichen Zustand wie eine tragende Hündin.

So wäre sie in der Lage, im Falle des Ausfalls der Mutterhündin, die in einem Wolfsrudel in der Regel nur das Leitweibchen ist, in die Versorgung der Welpen einzugreifen und somit deren und auch das Überleben des Rudels zu sichern.

Nun brauchen unsere Hunde diese Funktion zwar eigentlich nicht, in diesem Punkt ist der Körper der Domestikation jedoch noch ein bisschen hinterher.

Es ist also keine Krankheit, dass eine Hündin sogar Milch ausbildet und sich nach der Läufigkeit etwas ruhiger und anhänglicher verhält. Sie hat dann einfach ein bisschen »Hormone«. Hier gibt es selbstverständlich wahnsinnig viele Abstufungen und Ausprägungen verschiedenster Art und nicht jede Hündin durchläuft diese Phase ganz easy.

Im ersten Moment braucht es aber niemanden beunruhigen. Bei starken Ausprägungen ist es am besten, einen Tierarzt zu Rate zu ziehen.

Das Säugen war für Hazel kein Problem und sehr bereitwillig übernahm sie die ein oder andere Runde. Einmal lag sie jedoch wieder in der Wurfkiste und hatte mindestens einen Welpen saugend bei sich, als dann die eigentliche Mutter Cuba zurück in die Wurfkiste wollte.
An dem Punkt hatte Hazel wohl vergessen, dass sie nur eine Gastrolle spielte und meinte, einmal die Mutter anknurren zu müssen. Diese nahm die Ermahnung für sich an, suchte das Weite, weg von den Welpenzähnen, wohlwissend, dass die übergriffige Tante prima auch mit allem zurechtkommen würde und die Welpen bestens versorgt waren.
An dieser Stelle griffen wir natürlich ein, klärten die Verhältnisse nochmal und nahmen Hazel aus dem Bereich und ihrer vermeintlichen Aufgabe heraus. Wir sorgten dafür, dass die Cuba wieder ungestört ihre weitere Aufzucht vornehmen konnte. Es wäre definitiv keine gute Konstellation gewesen, das ganze einfach weiterhin laufen zu lassen. Denn Hazel hatte die Welpen für sich entdeckt und hätte sie auch gut und gerne alleine großgezogen. Natürlich haben wir das in der Form nicht zugelassen. Manches Mal ist auch das gut gemeinte, was sicherlich in dieser Art und Weise von Hazel so gedacht war, nicht immer wirklich das, was wir gerade brauchen. Und zu riskieren, dass sich die Hündinnen in die Haare bekommen, war uns an dieser Stelle ein wenig zu heikel.
Somit ist es eben auch in der Mehrhundehaltung nötig, zu schauen und einen Blick auf alle Beteiligten zu haben, auch wenn sie sich noch so gut verstehen!
Eine ganz andere Situation hatten wir später, als zwei Hündinnen gleichzeitig Welpen hatten. Zwei normal große Würfe. Es war Summers erster Wurf und Taras letzter Wurf, sie somit eine sehr erfahrene Hündin. Summer stammt von Hazel und deren sehr mütterliches Wesen hat auch Summer definitiv von ihr geerbt.
So hatte Summer immer ein Herz offen für alle aus dem schwarzen Wurf der Hündin Tara. Es waren am gleichen Tag geworfene Welpen, die in derselben Nacht alle auf die Welt gekommen waren. Die Wurfkisten hatten wir beide in einem großen, abgetrennten Raum. Die Hündinnen konnten diese natürlich verlassen und hatten beide ausreichend eigene Privatsphäre. Dennoch ging es recht flott damit los, dass gerade von den schwarzen Welpen sich mal jemand zu den gelben an die Milchbar verirrte, was Summer wiederum sehr gerne tolerierte.
Je älter die Welpen wurden, desto häufiger wurde Summer vorgeschickt von Tara, die für sich irgendwann entschieden hatte, dass sie definitiv schon genug Welpen aufgezogen hatte und die jüngere Hündin doch bitte ein wenig davon mit übernehmen konnte.
Das funktionierte tatsächlich super reibungslos. Die Hündinnen haben sich die Aufgaben super aufgeteilt, zusammen die Welpen großgezogen, zusammen gefüttert, gesäugt und geputzt und gespielt. Es war eine wirklich schöne Zeit, so etwas zu beobachten.
Mehrere Hunde im Haushalt bedeuten natürlich auch verschiedene Charaktere, die die Welpen später kennenlernen können und Verhalten mit ihnen üben dürfen. Das ist für die Körpersprache, für das Erlernen der Körpersprache und der Ursache und Wirkung des eigenen Handelns wichtig und hilfreich.

Wie es in den Wald hereinschallt

Erst ab der sechsten Woche beginnen Welpen so richtig Ursache und Wirkung ihres Verhaltens zu verstehen und daher ist der regelmäßige Umgang mit Artgenossen eine wunderbare Gelegenheit, dieses Verständnis von Aktion und Reaktion weiter zu schulen! Von Fremdhundekontakten ist hingegen abzusehen. Schließlich kann jeder weitere Hund zum einen das Infektionsrisiko erhöhen und Keime einschleppen, die für den empfindlichen Körper eines Welpen lebensbedrohlich sein können, und zum anderen kann er eine Gefahr für die Wesensentwicklung der Welpen darstellen.

Letzteres ist insbesondere dann der Fall, wenn der fremde Hund nicht geschult im Umgang mit Welpen ist oder vielleicht grundsätzlich kein besonders sozial verträgliches und freundliches Wesen aufweist. Zudem könnte ein fremder Hund auch großen Stress für die Mutterhündin bedeuten, den sie dann auf ihre Welpen übertragen könnte.

Neben der innerartlichen Kommunikation und damit einhergehenden Sozialisation sollte auch die interartliche jetzt weitergeführt werden. Was dies bedeutet? Auch der Kontakt zu vielen, möglichst sehr unterschiedlichen Menschen sollte den Welpen jetzt ermöglicht werden. Sie sollten schnell lernen, dass es sehr unterschiedliche riechende, aussehende und agierende Menschen gibt, dass aber von ihnen allen keine Gefahr ausgeht. Besuch ist also jederzeit erwünscht, sofern er welpentauglich ist, denn negative Erfahrungen mit dem später wichtigsten Sozialpartner Mensch sollten unbedingt vermieden werden.

Der Auszug steht kurz bevor

Die achte Lebenswoche ist oft auch die letzte im Verbund mit Mutter und Geschwistern. In dieser Zeit des Umbruchs, finden oft noch einmal viele aufregende Dinge im Leben eines Welpen statt. Besonders wichtig sind das erste Impfen sowie das Chippen der Welpen – ein aufregender Ausflug für alle Beteiligten. Es kann hilfreich sein, den Tierarzt zu bitten, dafür einen Hausbesuch einzuplanen, sofern dies möglich ist. So umgeht man den Infektionsdruck, der unweigerlich in jeder Tierarztpraxis herrscht und dem das Immunsystem eines Welpen noch nicht gewachsen ist. Manche Tierärzte lösen dieses Problem aber auch geschickt vor Ort, indem sie die Welpen einzeln aus dem Auto direkt in den Behandlungsraum holen lassen.

Nach dem (hoffentlich) ersten Tierarztbesuch steht in vielen Verbänden eine Wurfabnahme durch Zuchtwarte ins Haus. Bei dieser wird unter anderem überprüft, ob alle Welpen altersgemäß entwickelt, gesund und auszugsbereit sind. Hierbei spielen insbesondere das erreichte Gewicht, der aktuelle Zahnstatus sowie eventuell vorhandene Nabelbrüche sowie der Kryptorchismus (Hodenhochstand) eine Rolle. All dies wird bestenfalls in einem Bericht vermerkt, der an den Verein und die Welpenkäufer geht. Auch die Namen, zumindest die offiziellen für die Ahnentafeln, werden festgelegt und mit erfasst.

Nach solch spannenden und anstrengenden Tagen wie Wurfabnahme oder Impfen und Chippen ist es übrigens ratsam, den Welpen auch mal einen Tag Ruhe zu gönnen. Zum einen müssen sie sich von den körperlichen Strapazen wirklich erholen und zum anderen sollten sie das Erlebte auch in Ruhe verarbeiten können. Zudem sind Welpen insbesondere nach dem Impftermin so aufgekratzt und überdreht, dass man sich als Züchter auch einen Gefallen tut, wenn sie nicht alles auf den Kopf stellen können, sondern erst einmal eine Runde schlafen.

Dies gilt im Übrigen auch für spätere, einschneidende Erfahrungen, die ein Welpe und Junghund macht – im Anschluss an solch größere Ereignisse sollte eine Ruhephase eingelegt werden, um die Reizverarbeitung im Gehirn zu ermöglichen. Sonst droht dem noch jungen Hund eher eine sinnlose Überforderung als eine bereichernde Lernerfahrung.

Über den richtigen Abgabezeitpunkt von Welpen scheiden sich allerdings die Geister und es werden bis heute unendliche Debatten geführt, ob ein Welpe bereits nach acht Wochen oder frühestens mit der zwölften Woche ausziehen sollte. Sicher ist nur: Welpen müssen nun wirklich nicht direkt nach der ersten Impfung »rausgeworfen« werden. Vom Besuch des Tierarztes sollten sie sich zumindest noch erholen können und der Züchter sollte auch ein Auge darauf haben, wie sein Schützling die Impfung so verträgt. Und ein paar Tage länger in einem intakten Sozialverband schaden einem Welpen ganz sicher nicht.

Ob man aus Fehlern lernt? Ich bin mir sehr sicher: menschliche, pubertäre Gehirne sind da deutlich eingeschränkt. Anders ist die Einzugs-Story zu »Yana« eigentlich nicht zu erklären. Nemo war ja bekanntlich nicht das fleißigste Arbeitstier. Nachdem der Wunsch in mir immer größer wurde, etwas über das Spazierengehen hinaus mit dem Hund zu tun und ich es mit Nemo schon fast abgeschrieben hatte, – denn egal wie sehr ich ihm alles versuchte, spannend zu gestalten, er machte einfach nicht mit – kam da dieser eine Tag.

Mein Vater fuhr mit einer Bekannten und mir, welche den jungen Deutsch-Drahthaar »Moses« führte, den ich unheimlich faszinierend fand mit seinen stechenden, bernsteinfarbenen Augen, zu dessen Züchter – Welpen gucken. Ehrlich: Innerlich war ich wirklich – ich schwöre – nur auf Gucken eingerichtet. Wer möchte sich schon dagegen wehren, 11 niedliche, kleine Raubärte angucken zu gehen? Ich glaube, niemand!

Ein Fakt, der jeden zum Umkehren bewegen sollte, der sich ernsthaft überlegt, einen Welpen aus dem Wurf zu nehmen: die Mutterhündin musste weggesperrt werden, als der Besuch kam. Wenn ihre Welpen 6 Wochen alt sind, sollte auch eine Deutsch Drahthaar Mutterhündin Besuch bei ihren Welpen tolerieren, ohne diesen fressen zu wollen.

Nun gut, wollten ja nur gucken!

Sehr niedlich die ganze Bande. Sie waren draußen in einem riesigen Areal, sahen klasse aus und waren aufgeschlossen und frech, so wie sich das für einen Welpen in dem Alter gehört. Natürlich litten die Schnürsenkel und ihre spitzen Welpenzähne hat man an den Händen schon sehr gemerkt. Nach einer netten Zeit bei den Welpen fuhren wir wieder heim.

Nur gucken – und ich versichere – ich hatte mir wirklich nichts Anderes gedacht!

Zwei Tage später eröffnete mein Vater mir, dass ich einen 2. Hund haben könne. Er hatte ja schon lange die vergeblichen Versuche meinerseits mitbekommen, aus Nemo einen freudig arbeitenden Hund zu formen. Ich bin nicht sicher, wer ihm mehr leidtat. Der Hund, der ständig meinen Animationsversuchen zum Opfer fiel, aber einfach keinen Bock hatte und froh war, wenn er wieder auf seinem Sofa lag.

Oder die Tochter, die einfach mehr wollte, als der Hund so hergab. Mein Bemühen, mich stetig an der Versorgung von Nemo zu beteiligen, auch noch zu Zeiten, wo mir immer gesagt wurde, ich könne noch nicht alleine mit ihm spazieren gehen, weil er mich umreißen würde, schien doch Eindruck hinterlassen zu haben.

Der Clou an der Geschichte: ich durfte mir aussuchen, welchen Hund. Ich hätte alles haben können; einen niedlichen kleinen Labrador, einen Dackel, was auch immer. Ich hatte wirklich freie Wahl (wie töricht).

Was möchte eine 14jährige haben? Na klar, das, was am schnellsten verfügbar ist – den Drahthaar. Irgendwie hatte ich die fixe Idee im Kopf, dass der Züchter mir doch eine der beiden Hündinnen abgeben könne, von denen er erwähnt hatte, sie behalten zu wollen.

Ohne Widerspruch vom Vater, unter Zustimmung der Bekannten, welche sich unterstützend in greifbarer Nähe befand, rief ich den Züchter an – nicht nur einmal. Von »er müsse es sich überlegen, aber ich hätte ja keinen Jagdschein«, über »eigentlich wollte er sie zur Zucht behalten, naja, aber 2 bräuchte er auch nicht«, hatte ich ihn irgendwann so weit.

Das »Ja« zu dieser kleinen braunen Hündin »Yana«.

Auch der immer noch vielfach vertretene Irrglaube, dass ein Welpe so früh wie möglich bei seinem neuen Besitzer einziehen müsse, weil er sonst keine rechte Bindung mehr aufbauen könne, ist tatsächlich grober Unfug. Betrachtet man die verschiedenen Phasen der Sozialisierung, so ist man mittlerweile auch davon abgekommen, nur die ersten 16 Wochen als Prägephase zu betrachten. Zum einen gibt es eine wirkliche Prägung bei Caniden, also hundeartigen, nicht, sondern lediglich prägeartige Vorgänge. Des Weiteren befinden Hunde sich auch über die 16. Lebenswoche hinaus in der Sozialisationsphase, in welcher sie in der Lage sind, Umwelterfahrungen schnell zu erfassen und abzuspeichern.

Doch neben der Theorie, dass es sicherlich für die Welpen etwas angenehmer und für ihre Entwicklung vielleicht sogar förderlich wäre, noch länger im bestehenden Sozialverband zu verbleiben, gibt es eben auch noch die Praxis. Und praktisch ist es oft einfach nicht machbar, bis zu zwölf kleine, aktive Entdecker mit zwölf Wochen noch zufriedenzustellen. Oft fehlen dafür selbst im besten Züchter-Haushalt Platz, Zeit und Möglichkeiten. Und bevor die Welpen sich wochenlang beim Züchter nur noch langweilen, kaum noch neue Lernerfahrungen sammeln und schon gar nicht individuell gefördert werden können, ist eine etwas frühzeitige Abgabe dann doch wieder vertretbar.

Denn das Wichtigste ist an dieser Stelle sicherlich, dass Theorie und Praxis zueinander passen und im Sinne der Welpen wirklich optimal gehandelt wird. Vermutlich ist es also mit der Abgabe von Welpen so wie mit vielen anderen Dingen im Leben auch: richtig und falsch gibt es nicht und der Mittelweg ist oft gar nicht so verkehrt.

Kapitel

3

WENN DIE KLEINEN WEITERZIEHEN

Die 9. und die 10. Woche – der große Umbruch mitten in der sensiblen Phase

Und so findet in der neunten oder zehnten Lebenswoche zumeist ein großer Umbruch im Leben eines Welpen statt, da es für ihn in diesem Alter in eine ganz neue Welt hinausgeht. Die Welpenabgabe ist wahrlich ein großer Schritt im Leben eines Hundes, ändert sich dabei doch fast alles in seinem Leben auf einen Schlag.

Neue Menschen und eine völlig neue Umgebung warten auf ihn, während der ihm so vertraute Umgang mit Mutter und Geschwistern von jetzt auf gleich entfällt. Zu Beginn sollte man sich daher wirklich etwas mehr Zeit für den neuen, kleinen Mitbewohner nehmen.

Da der Zwerg nun nämlich ohnehin nach neuen Sozialpartnern sucht, auf die er vertrauen und auf die er sich verlassen kann, ist diese erste Zeit insbesondere für die Bindung zwischen Mensch und Hund sehr wertvoll. Lass den Welpen also in Ruhe ankommen und dich kennenlernen, bevor ihr euch die ersten gemeinsamen Abenteuer vornehmt.

Die große weite Welt oder auch die ersten Tage daheim

Gerade dann, wenn ein Hund neu in den Haushalt eingezogen ist, also der Welpe endlich da ist, hat man viel auf der riesigen To-do-Liste stehen, was man für den Welpen alles ändern möchte, was alles offensichtlich zum eigenen Leben dazugehört. Was man alles ausprobieren muss, wo der Welpe einmal gewesen sein soll, um die große weite Menschenwelt komplett zu entdecken.

Es gibt für mich ein paar sehr wichtige Dinge, die ich am Anfang super gerne mit einem Welpen mache. Lass uns hier vorab eine Unterscheidung zwischen dem, was in deinem Alltag zum Bereich Erziehung gehört, also zur Einflussnahme auf den Hund, um ihn in der Umwelt, die ihn persönlich erwartet, gut klarkommen zu lassen.

Unter Erziehung fallen für mich beispielsweise Dinge wie: »Ich soll Menschen nicht anspringen, um ihnen Hallo zu sagen.« Das ist selbstverständlich eine vom Welpen sehr gut gemeinte Geste und für ihn eine absolut natürliche Begrüßung. Jedoch lässt sich schwer erklären, dass ein erwachsener Hund unbedingt immer hochspringen möchte, um einer Person entsprechend »hündisch« zu begegnen.
Nehmen wir vielleicht auch noch den Punkt dazu, dass nachts einfach Ruhe zu herrschen hat, dass du gewisse Regeln in deinem Haus hast, dass bestimmte Räume nicht zu seinem Raum

gehören, oder, oder, oder was es sonst noch aus deinem persönlichen Umfeld zu lernen gibt! All das wären für mich klassische Bereiche, die unter den Begriff »Erziehung« fallen.

Dann gibt es für mich das Training. Das betrifft gerade die Leute, die über das normale Spazierengehen und die Lebensbegleitung in allen Lebenslagen hinaus vielleicht noch eine Sportart oder eine Arbeitsart mit dem Hund verfolgen möchten. Hier kommen zu all den Dingen, die der Hund für sein »normales« Alltagsleben ohnehin schon kennenlernen muss, noch viele andere Dinge hinzu, die den trainingstechnischen Bereich betreffen.

Manchmal kann es wichtig sein, dass der Welpe verschiedene Untergründe kennenlernt, dass er schnell gewisse Tätigkeiten ausführen kann, dass er beispielsweise etwas apportiert und zurückbringt. Hier wird schnell falscher Ehrgeiz geweckt, weil man Sorge hat, dass man das frühe und schnelles Lernen eines Hundewelpen verpasst, zu Beginn zu wenig macht. Oft ist eher das Gegenteil der Fall.

Schnell ist man dabei, dem jungen Welpen mit all den Eindrücken, die er auf der einen Seite in seinem ganz normalen Leben schon hat und diese verarbeiten muss, ebenso die trainingsrelevanten Dinge, die noch hinzukommen, beizubringen.

Wichtige Dinge kommen zuerst

Die ersten Tage, die ersten zwei Wochen, nachdem ein Welpe eingezogen ist, gelten für mich in erster Linie als Tage des Kennenlernens. Hier geht es einmal nur darum, dass wir viel Zeit miteinander verbringen. Der Welpe lernt, dass er bei mir Vertrauen haben kann, dass er bei mir Schutz suchen darf, in Situationen, in denen er diesen benötigt.

Ebenso, dass ich sein sozialer Ansprechpartner bin, dass wir gemeinsam Körperkontakt pflegen, er sich bei mir einrollen darf. Wir kuscheln und wir schmusen und wir haben einfach eine gute Zeit, sodass wir als Mensch alles dafür tun, eine möglichst gute und sozial stabile Bindung zu diesem kleinen Lebewesen aufzubauen. Auch in dieser Eingewöhnungszeit gibt es ein paar trainingstechnische Aspekte, die ich wichtig finde, egal, ob ich mit dem Hund einer Arbeit nachgehen möchte oder nicht. Es gibt aus meiner Sicht Signale, die für jeden Hund super sinnvoll sind, wenn ich möchte, dass er ein Leben mit einer großen Freiheit führen darf.

Hier ist zum Beispiel der Komm-Pfiff zu nennen. Ich konditioniere meine Welpen auch schon, wenn sie fünf Wochen alt sind und zugefüttert werden, auf einen Komm-Pfiff. Das bedeutet, sie lernen kennen, dass der Pfiff bedeutet, dass es etwas Tolles gibt, mehr nicht. Sofern die Welpenbesitzer ein wenig daran weiter feilen und das Ganze regelmäßig fortführen, gibt es hier eine gute Möglichkeit, den Hund super auf die Pfeife zu konditionieren. So intensiv, dass er aus den heftigsten Situationen abrufbar bleibt. Dies bedarf selbstverständlich einer sehr genauen Konditionierung, einer sehr konsequenten Durchführung und auch eines sehr guten Beobachtens, wann ich solche Übungen einbaue, um Fehler und Missverständnisse zu vermeiden. Auch benötige ich einen gewissen Plan. Dieser Komm-Pfiff (oder alternativ ein zuverlässiges Rückrufsignal) ist etwas, was ich gerne direkt vom Einzug des Welpen an übe.

Dazu brauche ich gar nicht viel zu tun. Ich muss auch nicht weit hinaus in die große Welt fahren. Ich kann ganz einfach bei mir zu Hause mit dem Training loslegen. Ich kann es im Garten machen, ich kann es auf kleine Exkursionen einbauen, die wir mit Welpen unternehmen. Das ist ein trainingstechnischer Aspekt, der für mich definitiv von klein auf zum Hundeleben dazu gehört und was ich dir sehr ans Herz legen möchte.

Versuche dabei aber deinen Tag so »normal« wie möglich zu gestalten. Schließlich soll er von Anfang an die Chance haben zu lernen, wie bei dir der Alltag so abläuft. Zeit und Aufmerksamkeit für den Welpen sind zwar anfangs besonders wichtig, doch der Nabel der Welt sollte ein Welpe auch nicht sein. Sind von Anfang an die Augen aller Mitbewohner ständig auf ihn gerichtet und wird sich ununterbrochen nur mit dem Welpen beschäftigt, dann kann dies zu Beginn schnell auch mal zur Überforderung beim Welpen führen, der so gar nicht recht zur Ruhe kommen kann. Zudem stellt sich später bei solchen Hunden häufig das Gefühl ein, dass man nun weiterhin immer im Mittelpunkt stehen müsse.

Solche Welpen benehmen sich oft so, als wären sie König des Hauses und werden sehr schnell aufdringlich und nervig, wenn sie dann einmal nicht die volle Aufmerksamkeit erhalten.
Schon bald nach der Ankunft ist es wichtig, dass auch die Gewöhnung an diverse Reize (die bestenfalls schon beim Züchter begonnen wurde) fortgesetzt wird. Doch Obacht: bitte keine Überdosis! Es muss immer ausreichend Zeit bleiben, um Erlebtes in Ruhe zu verarbeiten.
Versuche also deinen Tatendrang anfangs ein wenig zu zügeln und lass dich nicht von dem Gedanken stressen, dass dein Hund nach der 16. Woche so gut wie nichts mehr lernen könne.

Es war noch gar nicht so lange her, dass Nemo eingezogen war. Selbstverständlich war er die Attraktion der Familie. Zugegeben – er war furchtbar niedlich. Alle wollten gucken, die gesamte Familie, inklusive aller »Profinicht-hundehalterundtrotzdemratgeber«, gingen ein und aus.
Anleinen lassen wollte er sich nicht. Spazierengehen auch nicht. Wir hatten so eine tolle Leine mitbekommen, die sich Retrieverleine nennt. Keine Ahnung, wie man mit ihr umgeht, aber immerhin, wir hatten sie.
Geschlafen wurde in einem Karton neben Mamas Bett. Immerhin, das funktionierte gut. Nur irgendwie war er tagsüber manchmal ein bisschen irre. Nicht nur, dass er wie eine kleine Schnappschildkröte sehr gerne vor allem in die Hände und Hacken von uns Kindern happste, nein, sein absolutes Lieblings-Ding war eigentlich, sich unter einem Sessel zu verschanzen, der recht viel Bodenfreiheit hatte, und uns von dort unten wie rasend anzukläffen. Es wurde nichts gefunden, was ihn stoppen konnte und es war egal, ob meine Mutter mit klarer Autorität versuchte, ihm zu erklären, dass er dies sein lassen sollte, oder wir ihn da rauslocken wollten.
Dies zeigte er gerne und häufig.
Völlig aufgelöst führte dies auch zum ersten Telefonat mit der »Züchterin«, was sie bloß machen solle.
»Erziehung« – ah ja. Versuchte man ja. Aber irgendwie hatte das bisher keine wirklichen Früchte getragen.
Dass ein wenig mehr Ruhe (ggf. mit Boxentraining) und weniger Halligalli zu Hause hätten helfen können, wären einfache Tipps gewesen. Nun ja, da wir diese nicht bekamen, machte man halt, was den kleinen, süßen Fratz stets schön müde machte. Man ging jeden Tag mal eine schöne große Runde spazieren. Weit – viel weiter, als ich mich heute trauen würde, als Empfehlung zu geben. Die Folgen ließen nicht lange auf sich warten.

Lernen findet lebenslang statt

Denn die Annahme, dass die sensible Phase (oder gern auch Prägephase genannt) mit der sechzehnten Lebenswoche schlagartig vorbei ist, ist mittlerweile überholt.
Fakt ist natürlich: je jünger ein Hund ist, desto schneller kann er positive Verknüpfungen in seinem Gehirn schaffen und so abspeichern, dass mit dem ein oder anderen Reiz keine Gefahr verbunden ist. Es ist jedoch nicht so, dass mit 16 Wochen auf einmal alles vorbei ist.

Ein Hund lernt – wie wir auch – ein ganzes Leben lang weiter! Picke dir also für die Habituation deines Welpen lieber einige Dinge heraus, die für euer späteres Leben wirklich unumgänglich sind und lasse ihn diese in Ruhe kennen.

Achte zudem darauf, dass du ihn unterschiedliche Kategorien von Dingen kennenlernen lässt – ein Hund kann zwar nicht so gut generalisieren wie wir und doch hat er die Möglichkeit, wenn er Auto, Bus und Bahn kennengelernt hat, andere »bewegte Untersätze« als ähnlich und somit

ungefährlich zu erkennen. Das Wichtigste ist und bleibt in dieser ersten Zeit jedoch immer der Bindungsaufbau. Der Welpe sollte die Chance haben zu lernen, dass er dir immer und überall vertrauen kann. Denn so seid ihr bestens dafür gerüstet, später auch unbekannte Situationen gut zu meistern. Denn egal wie viel man seinem Welpen von der Welt zeigt, es wird nie alles sein können.

Es gibt häufig die Annahme, dass ein Hund schon sehr früh, also gerade mit acht Wochen, unbedingt in sein neues Zuhause ziehen müsse, weil es ihm sonst nicht möglich wäre, eine starke Bindung zu seinem neuen Besitzer aufzubauen. Manchmal ist es sinnvoll, logisch zu überlegen, ob Thesen Sinn machen oder eben auch nicht.

Sicherlich ist es super, wenn du ein hundeerfahrener Mensch bist und der Welpe eine großartige Vorprägung bisher beim Züchter hatte, sodass er bestens vorbereitet ist. So ist es gut möglich, einen Welpen direkt und früh vom Züchter abzuholen und diesen bestens in das neue Leben zu integrieren. Dennoch ist es kein Beinbruch, wenn Welpen auch ein paar Tage oder gar ein paar Wochen länger beim Züchter und in ihrer bisherigen Umgebung bleiben und erst später zum neuen Besitzer ziehen.

Zum einen ist dies für manche Länder gar nicht anders machbar, denn unsere aktuellen Bestimmungen lassen ein früheres Einführen von Welpen als 16 Wochen in bestimmte Länder oder umgekehrt aus bestimmten Ländern nach Deutschland hinein überhaupt nicht zu. Wenn wir den frühen Umzug bei Welpen als Notwendigkeit anführen, dann schließt es sich im selben Moment aus, dass wir Hunde aus dem Tierschutz adoptieren oder übernehmen, die deutlich älter sind.

Nun frage ich dich, wie viele Menschen kennst du, die sich großartige Hunde aus zweiter Hand in ihr Leben geholt haben, die wunderbar mit ihnen zurechtkommen, die zusammenpassen wie Pech und Schwefel, wie man das so schön sagt? Es werden sicher einige sein. Somit können wir das gar nicht als wirkliches Argument gelten lassen.

Aus eigener Erfahrung kann ich dir nur berichten, dass es durchaus möglich ist, einen Hund sehr, sehr intensiv an sich zu binden oder eine sehr starke Verbindung zu einem Hund zu haben, der erst später in das Leben gekommen ist. Ich hatte bisher ganz oft die Möglichkeit, entweder Welpen in mein Leben zu holen oder sie gar selbst aufzuziehen.
So kennt man sich von der ersten Sekunde an. Das ist toll.

Aber es gab einen Hund in meinem Leben, den ich erst im Erwachsenenalter übernahm. Vielleicht hast du diese Geschichte schon in meinem Podcast gehört, denn die erste Labradorhündin, die mich in meinem Leben begleitete, kam erst mit knapp fünf Jahren zu mir. Wir kannten uns zwar ein wenig und hatten uns in früheren Jahren schon häufiger gesehen, und ihr sehr freundliches und sehr offenes Wesen war mir immer schon direkt in das Auge gefallen. Damit wickelte sie wahnsinnig viele Leute direkt um den Finger und ist sofort in jedermanns Herz gesprungen.

Als es soweit war, dass ich meine Drahthaar-Hündin gehen lassen musste, bekam ich das ultimative Angebot meines Lebens: ob ich diese Hündin nicht mit zu mir nach Hause nehmen wollte, zumindest für die ersten Nächte, sodass ich mich nicht alleine fühlte, weil auf einmal kein Hund mehr bei mir war. Denn das kannte ich zu diesem Zeitpunkt seit meinem Kleinkindalter nicht mehr.

Ich hatte schon einige Jahre zuvor nur flüchtig mit dem Gedanken gespielt, dass, wenn nochmal ein Hund in meinem Leben käme, dann solle es ein Hund sein, exakt wie diese Hündin. Denn ich liebte sie eigentlich immer schon. Seitdem ich sie kennengelernt habe. Durch ihre unkomplizierte Art in wirklich jeder Lebenssituation und mit jedem Menschen und mit jedem Hund klarzukommen.

Das war etwas, was ich mir nach meiner etwas schwierigeren Deutsch Drahthaar Hündin sehr für mein Leben wünschte, auch wenn ich meine Drahthaar-Hündin Yana sehr, sehr, sehr, sehr liebgehabt habe und sie nicht mehr missen möchte in meiner Agenda. Dennoch war der Wunsch danach sehr groß, einen Hund zu haben, der mit weniger Komplikationen ausgestattet war. An dem Tag, auf die Frage, ob Hazel vielleicht für ein paar Tage mit mir kommen sollte, habe ich selbstverständlich nicht gezögert und direkt ja gesagt.

Wie sie so plötzlich in mein Leben gesprungen ist, so ist sie auch bei mir geblieben, denn von Tag 1 an war eigentlich klar, dass sie gekommen war, um zu bleiben.

Sie nahm alles in Beschlag, was bei mir noch zu Hause von meiner Hündin war. Sie fühlte sich direkt zu Hause, so als wäre sie schon immer bei mir gewesen. Von da an war es, als wäre sie schon immer in meinem Leben gewesen, denn ich konnte sie überall mit hinnehmen, von Tag 1 an. Egal wo, ob sie jemals schon mal in dieser Situation gewesen war vorher oder nicht. Ich erinnere mich noch daran, dass wir am zweiten Tag direkt gemeinsam in den Stall gegangen sind. Sie kannte Pferde zwar von weitem, von Wiesen oder im Stall jedoch nicht. Es beeindruckte sie in keinster Weise.

Es war ihrem Gemüt entsprechend, in jeder Situation neugierig und offen zu sein und überall mit hinzugehen, was auch immer kam. So ist sie bei mir geblieben, immer fröhlich, offen, nett und jedem Menschen zugewandt. Eine sehr starke und innige Verbindung zu einem Hund zu

haben ist nicht abhängig von dem Alter, in dem man den Hund zu sich holt. Daher kann ich dem Punkt nicht zustimmen, dass ein Welpe unbedingt mit acht Wochen da sein muss, um eine innige Bindung zu garantieren. Ich glaube, dass es immer wieder die Möglichkeit gibt, auch im späteren Leben mit einem Hund, der ein grundsätzliches Vertrauen an Menschen hat, dies gelernt hat, und weiß, dass Menschen in erster Linie positiv sind, eine tiefe Freundschaft aufzubauen. Natürlich weiß ich um die Vorzüge, dass mit acht Wochen der Explorer-Modus im Welpen startet, dass hier auf einmal viel erlebt werden will es schön ist, wenn man diese Zeit mitbekommt als neuer Mensch.

Gerne möchte man diese Entwicklung auch sehen, denn diese superniedliche Phase mag man sich kaum entgehen lassen. Auch ich habe schon Welpen behalten, die erst mit 12 Wochen abgegeben wurden. Viele Studien beschäftigen sich damit, ob das längere Verbleiben bei Mutter und Geschwistern für den Welpen vorteilhaft ist. Ganz ehrlich – gerade die letzten beiden Wochen waren eine echte Herausforderung. Zum einen waren die Welpen wirklich unzufrieden, sie wollten stetig etwas erleben und das Aufeinanderhocken mit den Geschwistern trug nicht zur Ruhefindung bei. Die Beschäftigung mit jedem Welpen einzeln ist ab dieser Zeit wichtig und hält einen Züchter ganz schön auf Trab. Das natürlich nur am Rande.

Auch Welpen, die ins Ausland gingen, verblieben bis zu 16 Wochen. Ich kann ehrlich gesagt keinen wirklichen Unterschied darin finden, wie sie sich an ihre neuen Menschen angepasst haben. Auch das Kennenlernen der Umwelt unterscheidet sich in diesem Punkt für mich nicht. Die ersten Wochen sind nett und wichtig, aber wir schaffen es doch in dieser kurzen Zeit nicht alle Lebenssituationen dem Hund zu bieten, die sich in seinem ganzen Leben an ihn offerieren werden.

Wann bin ich mit meinen Hunden das erste Mal Berggondel gefahren? Da waren sie immer schon alle schon erwachsen. Das habe ich nie gemacht, wenn der Welpe in seinen ersten 16 Wochen war, ich habe in meiner derzeitigen Wohnsituation einfach keinen Berg vor der Türe. Sondern solche Abenteuer kamen irgendwann, wenn es sich aus der Situation heraus ergab.

Vertrauen ist alles

Das bedeutet für mich, das Allerwichtigste, und das ist für mich aus verschiedenen Gründen mittlerweile Gesetz, dass wir mit unserem Hund Vertrauen schaffen. Dass der Hund lernt, sich auf uns zu verlassen, in jeder Situation. Wir bieten viele unterschiedliche Reize zu Beginn, sodass sich das Hundegehirn entwickeln kann, dass es viele Erfahrungen machen darf, mit dem es später auch seine neuen Situationen abgleichen kann. Aber jede Situation kann ich in dieser Zeit nicht verstehen. Und somit ist es für mich eine großartige Zeit, wenn ich einen Welpen sehr früh bekomme, der mit acht Wochen neu ins Haus einziehen kann und ich diese drollige Phase mitbekomme, von Anfang an in meine Richtung arbeiten zu können, so wie ich es gerne hätte. Aber ich würde es als nicht einschränkend empfinden, wenn ich einen Hund später übernehme oder wenn ein Welpe später auszieht.

Die Sache mit der Bindung

Kennst du diese Menschen? Die, die scheinbar ohne Worte mit ihrem Hund kommunizieren? Die sich wunderbar verstehen und es scheint, als wäre da ein unsichtbares Band zwischen Hund & Halter gespannt? Das ist doch der Zustand, von dem eigentlich fast jeder von uns träumt. Mal ganz abgesehen von dem ein oder anderen Umwelteinfluss, der auch einen solchen Hund mal aus dem Konzept bringen kann, schweben sie scheinbar mühelos mit Herrchen oder Frauchen durch den Alltag!

Wie geht das? Es gibt nicht immer die Möglichkeit so sehr an die Basis zu gehen und so viel Einfluss zu nehmen, als in der Situation, dass ein Welpe bei dir einziehen wird. In diesem Fall macht es Sinn, schon bewusst an die Auswahl eines Züchters heranzugehen.

Suche dir eine Stelle, wo die Welpen mit im Haus/in der Familie aufwachsen. Hast du die Möglichkeit die Elterntiere kennenzulernen, so schaue hier genau darauf, wie sie auf dich reagieren. Machen die erwachsenen Hunde einen gelassenen, zufriedenen und selbstsicheren Eindruck, ist dies ein unbedingter Pluspunkt. Nichts ist so wertvoll, wie ein unbändiges Urvertrauen, was ein Hund mitbringen kann, wenn er in seinen ersten Lebenswochen behütet und in einer stressarmen Umgebung aufgewachsen ist.

Wichtig ist auch, dass du dir Zeit nimmst, den Welpen schon vor der Abgabe zu besuchen. So kannst du dich langsam an die neue Herausforderung herantasten und der Welpe lernt auch dich ein bisschen kennen und bekommt vor allem über den Geruch wichtige Infos, die er später beim Einzug wieder abrufen kann. Ist der Tag gekommen, so ist es verständlich, dass deine nähere Umgebung unbedingt den Neuankömmling bestaunen möchte. ABER: Erspare euch in der ersten Zeit bitte unnötigen Stress, der egal wie unkompliziert es erscheint, immer damit einhergeht.

Dein neuer Mitbewohner muss mit vielen neuen Eindrücken umgehen lernen, er hat seine Familie verlassen und muss nun seine neue Umgebung annehmen lernen. Der wichtigste Part dabei ist, dass er lernt, dass du für ihn da bist, ihm Sicherheit und das Gefühl von Zugehörigkeit gibst. So wirst du Schritt für Schritt eine wichtige Bezugsperson.

Spare euch also viel Trubel, auch wenn es schwerfällt. Verbringe viel Zeit mit dem Neuling, achte darauf auch körperliche Nähe und Berührungen nicht zu kurz kommen zu lassen. Körperkontakt hat viele verschiedene Wirkungen, welche sich auch messbar nachweisen lassen. Beim Streicheln & Kuscheln wird vermehrt das sog. Beziehungs- und Bindungshormon Oxytocin ausgeschüttet. Es stärkt das Gefühl der Zusammengehörigkeit. Nutze also Gelegenheiten, den Neuankömmling so oft es geht in deiner Nähe zu haben.

Hier gehören auch die Nächte mit dazu. Ein alleingelassener Welpe, würde in der Natur nicht überleben. Das Übernachten fernab sämtlicher Sozialpartner ist definitiv nicht das, was ich für die erste Zeit im neuen Zuhause befürworte! Es sei jedem selbst überlassen, jedoch sehe ich kein Hindernis darin, gemeinsam die ersten Nächte auf dem Sofa oder gar mit dem Welpen im Bett zu verbringen. Das mag sicherlich nicht jeden Geschmack treffen, die Sorge man bekäme den Hund dann nie wieder aus dem Bett, teile ich keinesfalls.

Kennt dein Welpe sich gut bei dir und in der neuen Umgebung aus, kann es an die ersten kleinen Abenteuer gehen. Suche dir für die ersten Entdeckungstouren Orte, an denen nicht zu viel los ist. Solange du dich als frisch gebackener Hundebesitzer noch ein wenig eingrooven musst, solltest du möglichst wenig durch andere Hunde, zu viele Jogger oder Radfahrer gestört werden. Du wirst dich langsam daran gewöhnen müssen, nicht nur deinen Hund, sondern auch die Umgebung zu beobachten und eventuell schwierige Situationen schon im Vorhinein zu erkennen.

Vieles kann den Welpen überraschen und auch einschüchtern, oder ihr geratet durch die am Anfang noch nicht vorhandene sichere Abrufbarkeit in Schwierigkeiten. Schließlich muss der Gehorsam erst nach & nach aufgebaut werden.

Den Folgetrieb, den dein Welpe von Hause aus mitbringt, kannst du dir am Anfang gut zu Nutze machen. Ich bevorzuge es, Welpen ohne sämtliche Anhängsel mit mir mitzunehmen und solange es mit der Leinenführigkeit noch nicht klappt, einfach mal eben auf den Arm zu nehmen, wenn es nötig ist.

Ansonsten darf Mini alles erkunden und mit mir auch durch etwas abwechslungsreiches Gelände toben. Das macht Freude, reizt die Sinne und spannende Erlebnisse schweißen zusammen.

First steps

Wohl dosiert sollten solche Ausflüge ausfallen. Es muss nicht jeden Tag ein extravaganter Ausflug, der neueste Reiz, das aufregendste Erlebnis sein. Viele Menschen meinen, mit einem Welpen in den ersten 16 Wochen alles machen zu müssen, was jemals erlebt werden könnte, um den Welpen an alles zu gewöhnen. Das ist ganz simpel – Quatsch!

Fest steht, dass ein junger Hund in den ersten Wochen seines Lebens so schnell lernt, wie niemals später wieder. Dennoch lernt er zum einen sein ganzes Leben lang, dann in einem anderen Tempo und du wirst doch niemals wissen, was auf eurem hoffentlich langen gemeinsamen Weg auf euch zukommt?! Vertraut dein Hund dir, wird er dir überall hin folgen, ob er dies in seiner Junghundephase erlebt hat, oder nicht!

Wertvoll ist auch ein gutes Verständnis der Ausdrucksweise deines Hundes. Kannst du deinen Hund sicher lesen, wird es dir viel leichter fallen, Situationen gut einzuschätzen und sie für euch beide sicher zu meistern. Ein gutes Leittier, welches du ja werden möchtest, behält schließlich stets den Überblick und legt Souveränität auch in stressigen Situationen an den Tag. Dies schafft Vertrauen in dich und deine Fähigkeiten. Hunde lieben es geführt zu werden, klare Regeln wird dein Hund dir danken!

Nach jahrelangem Zusammenleben mit vielen Hunden agiere ich mit meinen Hunden vom Grundsatz her, wie sie es untereinander auch tun. Wir sind so oft es geht sehr freundlich miteinander, schätzen die Nähe des anderen und gehen so positiv durch den Alltag es nur geht! Wird eine Grenze überschritten, wird dies jedoch auch klar und konsequent kommuniziert. Niemals sind wir nachtragend, sondern belassen es bei situativ relevanten Ansagen.

Ob der Schuh ein wenig angeknabbert wurde, interessiert mich 2 Minuten später nicht mehr, so schwer dies auch manchmal fällt. Lange darüber sauer sein und meinen, dass ein

Futterentzug nach einem ungewünschten Jagdausflug den Hund zum Nachdenken anregen würde, entspringen wahrlich veralteten Glaubensmustern, was die Hundeerziehung angeht!

Einen Hund aufzuziehen, zu erziehen und zu ihm eine Beziehung aufzubauen, erfordert von uns als Mensch stets ein gutes Maß an Selbstbeobachtung, Toleranz und Klarheit. Je sicherer du dir bist, desto weniger Fragezeichen werden in eurem Leben auftauchen!

Bindung zwischen Mensch & Hund – der ewige Urkonflikt

Hier zitiere ich sehr gerne meine liebe Freundin Kate Kitchenham: »Jede Art, so lautet eine wichtige Erkenntnis der Evolutionsbiologie, findet ihre Nische, in der sie maximal überleben und sich vermehren kann.«

Das Zusammenleben von Mensch und Hund stellt hier einen wahrlichen Sonderfall dar. Denn diese Nische für das Zusammenleben, den intensiven Kontakt und das soziale Gruppengefüge bieten wir als Mensch für den Hund. Der erste Bindungspartner im Leben eines Hundes ist natürlich im gesunden Fall die Mutterhündin. Der zweite dann schon der Züchter, also wir Menschen.

Eine Podcastepisode mit der weitbekannten Schweizerin Dina Berlowitz und ihrer gemeinsamen Arbeit mit Heinz Weidt hinter dem Namen »Kynologos«, hatte mir die folgenden Umstände noch einmal sehr stark vor Augen geführt. Hundewelpen sind einfach herrlich. Wir alle lieben sie, ihr niedliches Aussehen und ihr aufgewecktes Wesen. Dennoch müssen wir bei all der

Niedlichkeit vor unser Auge holen, dass der Schritt ein noch fürsorgebedüftiges Wesen von der Mutter zu trennen rein biologisch betrachtet für diesen Welpen eine Katastrophe darstellen würde, insofern wir als Mensch unserer neuen Aufgabe als Fürsorgegarant, wie Dina uns sehr treffend bezeichnet, nicht nachkämen.

Denn ein Welpe ist selbstverständlich im Alter von 8 Wochen in keinster Weise alleine überlebensfähig. Zum Abgabezeitpunkt benötigen Welpen eigentlich noch die Zuwendung und Versorgung durch die Mutter und den Kontakt zu ihren Geschwistern. Solange Hunde bei uns Menschen leben, und an dieser Stelle möchte ich betonen, dass ich es natürlich nicht anders wünsche als absoluter Hundefan, solange wird es aber immer diesen Urkonflikt dieser unnatürlichen Trennung aus der gewohnten Umgebung geben. Im Grunde erleben die Welpen hier einen regelrechten Kulturschock. Und nein – ich gehöre auch nicht zu den Menschen, die in diesem Umstand die Ursache für nachhaltige soziale Schwierigkeiten mit Hunden sehen. Ganz im Gegenteil, ich möchte nur darauf aufmerksam machen, wie wichtig es ist, anzuerkennen, dass wir eine sehr wichtige Rolle für unseren Welpen spielen und uns dieser Verantwortung bewusst sind.

Um sein Überleben zu sichern, geht beim Einzug ins neue Heim die Bindung wie selbstverständlich in Richtung Menschen. Dieser ist schließlich der sozialstärkste Kontakt im neuen Heim. Ausgenommen sind hier Haushalte, in denen bereits Hunde leben, die Welpen von Tag 1 akzeptieren und ihnen ebenfalls ein wichtiger Bindungspartner werden.

Warum geht jedoch die Bindung vom Welpen in Richtung Mensch? Weil dieser dem Welpen die Fürsorge zuträgt, welche er dringend für sein Überleben benötigt. Bietet der Mensch Nahrung, Schutz, Sicherheit und soziale Verbundenheit, so bietet er dem Welpen die Grundlagen an, möglichst schnell wieder Urvertrauen entstehen zu lassen. Ohne dieses Urvertrauen, der grundlegenden Sicherheit und sozialen Stabilität, wäre jedes neue Erleben mit Stress verbunden. Es ist eine enorm wichtige Säule für zukünftige Erfahrungen und einen mental stabilen erwachsenen Hund. Die wichtigste Ressource für sozial lebende Säugetiere ist nicht Nahrung. Ja wir müssen diese zu uns nehmen, um zu überleben, genau wie unser Hund auch.

Allerdings darf eines nie fehlen in der Aufzucht – das Zugehörigkeitsgefühl, nach dem alle sozialen Lebewesen streben. Die emotionale Stabilität, welche wir uns für einen souveränen Begleiter auf 4 Pfoten wünschen, kann dieser nur ausbilden, wenn er diese Sicherheit, Zuwendung und soziale Nähe durch uns spüren darf. Somit ist der Part des Kennenlernens und die Zeit der sozialen Interaktion, der wichtigste, den du nach der Welpenübernahme zu berücksichtigen hast! Wir ersetzen in diesem Moment automatisch für unseren Welpen die soziale Gruppe, die eigentlich 4 Beine hätte.

Erst aus dem entstehenden Urvertrauen, kann auch wieder Sicherheit hervorgehen. Und erst aus dieser Sicherheit heraus, wird ein Welpe die Welt aus freien Stücken erkunden. Diese Sicherheit ermöglicht es einem Welpen, überhaupt erst neugierig zu werden. Und möchten wir wiederum unserem Welpen auch etwas beibringen wie Sitz, Platz, Fuß, dann benötigen wir Neugierde für die Interaktion und das gemeinsame Lernen.

Bindung ist somit die Grundlage für Training & Erziehung und erleichtert ein schnelles Fortkommen in diesen Punkten ungemein! Dies gilt sowohl für den Familien- als auch für den Arbeitshund! Sicher bedeutet nicht, dass mein Welpe mir überall an den »Hacken« klebt. Es bedeutet auch nicht, dass er sich überall an mich heftet und keine eigenen Erkundungen einer neuen Umgebung beginnt. Ein sicher gebundener Welpe wird sich an dir orientieren und auch wissen, dass er sich in stressigen Situationen an dich wendet und bei dir Schutz sucht.

Es bedeutet natürlich auch, allgemein Nähe zu mir zu suchen, weil unsere positive Kommunikation ihn dazu veranlasst, sich bei mir sicher zu fühlen. Dennoch darf der Welpe von seiner Neugierde bewegt auch die Umgebung alleine entdecken und mich dabei immer wieder als sicheren Hafen aufzusuchen, sobald eine Situation ihn in Stress bringt. Denn unsere Nähe hat dem Welpen Schutz, Ruhe, Ausgelassenheit und Sicherheit geboten, an die er sich dann schnell erinnert. Durch diesen Umstand erzeugen wir eine Vorhersehbarkeit für den Welpen, aus der er sich Schritt für Schritt immer mehr trauen wird. Das bedeutet also nicht, dass ein Welpe, der gerne ein paar Meter von dir entfernt die Welt erkunden geht, nichts mit dir zu tun haben möchte, oder keine Bindung an dich hätte. Eher das Gegenteil ist der Fall. Fühlt der Welpe sich sicher und geht er mit einem stabilen Gefühl durch seine Umwelt, so wird er schnell auch ein paar Meter von dir entfernt schauen gehen, wie die Welt dort aussieht und in Windeseile zu dir kommen, sollte dort eine Beunruhigung entstehen.

Was Bindung nicht ist

Ich weiß, dass ich mich an dieser Stelle vielleicht etwas unbeliebt mache. Jedoch halte ich so gar nichts von Schleppleinen an Welpen per se angehakt. Sicherlich meine ich nicht die Situation, dass ich mich sorge, dass ich nicht schnell auf meinen Welpen zugreifen kann, weil ich in einem sehr belebten Gebiet lebe und dort mit zu vielen »Störrreizen« von außen leben muss, die meinen Welpen schnell in unangenehme Situationen bringen können. (Fremde Hunde, die nicht freundlich mit Welpen umgehen, rücksichtslose Menschen, die vielleicht auch keine Welpen mögen, nahe Straßen & Co.)

AIGLE

Damit meine ich jedoch die Gespanne, welche dem Hund eine Schleppleine auf jedem Ausflug draußen anziehen und ihn nie freilaufen lassen, weil sie der Meinung sind, durch ein permanentes bei sich zu halten, würde sich eine Art Bindung an den Menschen leichter ausprägen.

Haben wir eben noch einmal beschrieben, was Bindung fördert und warum diese Parameter für einen Welpen so wichtig sind, dann sollte uns schnell einleuchten, dass das Werkzeug Schleppleine kein Ersatz dafür ist. Lediglich kann sie in notwendigem Maße in unübersichtlichen Situationen genutzt werden.

Frei der Gruppe zu folgen, ist für einen Hundewelpen für einige Wochen das Normalste auf der Welt, sofern er keine einschränkenden traumatischen Erlebnisse zu verzeichnen hat. Dies komplett ohne »Anzug«. Zumal ich auch bezweifle, dass ein frühes, dauerndes Einwirken eines Geschirres sich positiv auf die freie und störungsfreie Entwicklung des Bewegungsapparates auswirken sollte.

Zurück zur Bindung und der Notwendigkeit für das Lernen. Gerade in der Arbeitshundewelt, haben Welpen ein hohes Tempo in dem sie gewisse Fertigkeiten erlernen sollen. Denken wir an das Lernverhalten, so erinnern wir uns vielleicht daran, dass wir zum Lernen zwar eine Prise Stress benötigen, zu viel des Guten, jedoch zu einer Verzögerung des zuverlässigen Lernens führt, weil der Hund dem Prozess einfach nicht die volle Aufmerksamkeit zollen kann.

Und wenn wir dann noch einmal daran zurückdenken, dass das Urvertrauen der Verhinderer für Angst und somit auch Stress in neuen Situationen ist, so wird uns schnell klar, dass dieses Urvertrauen uns das Lernen unseres Hundes ungemein erleichtert.

Eine sichere Bindung und somit soziale Stabilität ist für mich einer der wichtigsten Bausteine für einen Hund, von dem ich später gezielt Leistung abfragen möchte. Vielleicht sogar noch wichtiger als der Stammbaum, toll prämierte Eltern? Das lassen wir mal in den Raum gestellt.

Sicherlich ist das Thema Epigenetik immer weiter auf dem Vormarsch und wir wissen, dass ich einen Welpen bekommen kann, der mit einer nicht ganz so unbelasteten Ausgangslage zu uns kommen kann. Ein Welpe ist nicht automatisch auch ein unbeschriebenes Blatt.

Egal wie jedoch die Ausgangslage ist, die Bindung an uns Menschen ist für mich der wichtigste Schritt. Eine sichere Bindung bedeutet, dass wir als Mensch der Ausgangspunkt für neues Lernen, notwendige Neugier und der Ankerpunkt für Rückfragen werden. Sie ermöglicht überhaupt die Entfaltung des vollen Arbeitspotentials und der vollen Leistungsfähigkeit.

Kapitel 4

NEUGIER UND ERFAHRUNG SAMMELN

Von der 11. bis zur 16. Woche – die Welt entdecken

In der elften Lebenswoche ist der Welpe meist im neuen Zuhause schon so richtig angekommen und die ersten anstrengenden aber auch aufregend schönen Tage miteinander sind vergangen. In diesem Alter merkt man als Besitzer häufig schon sehr deutlich die Unterschiede zwischen einem Welpen, der aus einer wohl durchdachten und fürsorglichen Aufzucht stammt und einem, der – wie ich es nennen möchte – aus profitabler Hundevermarktung stammt.

Aus einer Studie von James Serpell (McMillan et al., 2013) ging hervor, dass Welpen zweifelhafter Herkunft (aus Welpenfabriken, Zoofachgeschäft etc.) durch viele Verhaltensweisen bereits negativ auffielen. Darunter fallen beispielsweise Aggression gegen fremde Menschen, aber auch gegen unbekannte Hunde.

Ebenso auffällig waren mangelnde Stressresistenz und eine generelle Furcht gegenüber neuen Dingen. Auch eine übersteigerte Angst vor dem Alleinsein sowie eine Berührungsempfindlichkeit können Indizien für eine ungünstige Aufzucht sein.

Aber auch für solche Welpen ist das Kind noch nicht ganz in den Brunnen gefallen und man sollte keinesfalls denken, man könne an solchen Verhaltensweisen ohnehin nichts mehr machen. Glücklicherweise lernen Hunde, wie bereits erwähnt, ein Leben lang, weshalb an solchen Auffälligkeiten durchaus noch recht erfolgreich gearbeitet werden kann, auch wenn das sehr viel Geduld, Ruhe und Konsequenz erfordert. Ein solcher Welpe sollte besonders behutsam und mit viel Zeit und anfangs auch Abstand an die verschiedensten Umweltreize gewöhnt werden.

Jedoch werden einige seiner Unsicherheiten und Verhaltensabnormalitäten, die oft gar nicht aus negativen, sondern vielmehr aus mangelnden Erfahrungen heraus entstanden sind, insbesondere in ungewohnten, neuen und stressigen Situationen, immer wieder zum Vorschein kommen. Oft muss in diesen Phasen (und insbesondere in der Pubertät) mit solchen Hunden erneut an diesen Themen gearbeitet werden und es ist sehr empfehlenswert, sich von Anfang an kundige Hilfe für diese Prozesse zu suchen!

Hat dein Welpe hingegen einen »guten« Start gehabt, dann könnt ihr mit etwas gesundem Menschenverstand und – je nach Erfahrung – mit etwas mehr oder weniger Unterstützung die Themen der Habituation und der Sozialisierung etwas entspannter angehen. Hier geht es beispielsweise darum, dem Welpen Umweltreize akustischer Natur oder neue Orte, die zu deinem Leben gehören, näherzubringen.

Bei allen Reizen, denen du deinen Welpen aussetzt, sollte für ihn nachvollziehbar sein, woher diese kommen. Kann ein Welpe die Herkunft und Ursache eines – beispielsweise akustischen – Reizes ausmachen, dann wirkt dieser gleich weniger bedrohlich und kann besser einkategorisiert werden. Dies erklärt übrigens auch die häufige Angst vor Gewitter oder Silvester bei Hunden, denn bei diesen massiven Geräuschen ist für einen Hund nur schwer auszumachen, wo das Geräusch überhaupt herkommt und erstrecht nicht, wie es zustande kommt – und genau diese unsicheren Faktoren machen ihm dann besonders häufig Angst. Daher ist es gut, wenn er so oft es möglich ist, die Quelle eines Geräusches wahrnehmen und »verstehen« kann.

Die Entscheidung jedoch, ob sich ein Welpe mit einem Reiz überhaupt großartig auseinandersetzen mag und in welchem Tempo das für ihn möglich ist, ist individuell und liegt hauptsächlich bei ihm selbst. Gib deinem Vierbeiner also die Zeit, die er braucht, um sich mit einem neuen Reiz aktiv auseinander zu setzten.

Welcher Persönlichkeitstyp bist du – mein Hund?

Hier gilt es allerdings zu berücksichtigen, dass beobachtendes Verhalten nicht zwingend anfängliche Scheu bedingt. Ein Welpe, der auf einen neuen Reiz gar nicht eingeschüchtert reagiert, hat den Reiz nicht zwingend NICHT wahrgenommen. Wie bei uns Menschen auch, wird bei den Persönlichkeitstypen in der Hundewelt auch zwischen zwei – oder genauer gesagt vier – Typen unterschieden. Da gibt es zunächst die Unterscheidung in den Typ A und den Typ B.

Der A-Typ kann grob und mit nur wenigen Adjektiven als extrovertiert, initiierend und unternehmungslustig beschrieben werden. Umgangssprachlich ausgedrückt, setzt er etwas in die Tat um, bevor er darüber nachdenkt.

Der B-Typ hingegen ist eher introvertiert, abwartend und schaut sich die Dinge erst einmal an, bevor er handelt.

Beide Typen können nun in einer eher sicheren oder einer unsicheren Variante auftreten und diese Unterscheidung ist zunächst gar nicht wertend zu verstehen. Diese Sicherheit oder Unsicherheit bezieht sich darauf, ob ein Hund mit seiner Umwelt selbstständig und ohne permanente Hilfestellung durch seinen Menschen umgehen kann, oder ob er eher unselbstständig an alles herangeführt werden muss und Situationen von sich aus lieber umgehen möchte.

Entscheidend ist daher, sich vor Augen zu führen, dass ein Hund, der nicht sofort auf alles losstürmt, nicht automatisch ängstlich und ein Hund, der sich unmittelbar an alles heran begibt, nicht automatisch mutig und durchsetzungsstark ist.

Lerne deinen Welpen und seine Persönlichkeit also genau zu lesen, damit du seinem Naturell und Tempo entsprechend das Lernen gestalten kannst, damit es nicht zur Überforderung kommt!

Beim Kennenlernen von Reizen ist es ratsam, anfangs einen gewissen Abstand zum Reiz zu wahren und dem Welpen selbst immer wieder die Möglichkeit einer Annäherung sowie eines Rückzugs zuzugestehen. Warum ist das so?

Auf diese Weise wird sein Körper immer nur mit einer »Stressdosis« konfrontiert, die er auch verkraften kann und unter der er noch in der Lage ist, etwas zu lernen. Zu jedem Lernen gehört nämlich eine kleine Prise Cortisol, da es wach und aufnahmefähig macht. Das als »Stresshormon« bekannte Hormon weckt schnell negative Assoziationen, zum Lernen ist es jedoch elementar. Wie bei anderen Hormonen auch gilt: die Dosis ist entscheidend. Ist der Welpe mit einem Reiz so überfordert, dass sein Körper mit einem stark erhöhten, negativen Stresspegel reagiert, so wird er kaum noch etwas aus der Situation lernen können, außer dass sie verdammt unangenehm war.

Eine solche, häufig gutgemeinte »Konfrontationstherapie« macht also leider keinen Sinn. Hat der Welpe bei ausreichender Distanz zum Reiz hingegen nur mäßigen Stress, dann kann in der Situation Lernen und positives Verknüpfen stattfinden. Ein guter Indikator für den Stresspegel ist bei den allermeisten Hunden im Übrigen, ob sie noch Futter annehmen und/oder auf Ansprache reagieren können.

Wenn ein Hund so gestresst und von einer Situation so absorbiert ist, dass all dies gar nicht mehr möglich ist, dann ist vermutlich der Stress für positive Lerneffekte zu groß. Gerade in den ersten Stunden einer Welpengruppe ist hierauf übrigens unbedingt zu achten!

Mit Anbruch der dreizehnten Lebenswoche hat ein Welpe bestenfalls schon allerlei Erfahrungen gesammelt. Schnell wird einem im Verlaufe dieses Prozesses bewusst, wie viele aufregende Dinge es für einen Welpen so zu entdecken gibt und wie spannend die für uns so selbstverständlich gewordene Umwelt eigentlich sein kann.

Gerade, wenn man schon einen Hund hatte, ist man schnell geneigt, Vieles einfach vorauszusetzen und wird oft zügig eines Besseren belehrt. Sich schnell daran zu gewöhnen, dass man wieder viel kleinschrittiger denken und anleiten muss, hilft ungemein und macht deinem Welpen und dir das Leben deutlich einfacher!

Am liebsten gesund!

In Woche 13 steht für die meisten Welpen auch der erste wichtige Tierarztbesuch im neuen Zuhause an – die nächste Impfung ist nämlich fällig. Bestenfalls hast du deinen Welpen darauf vielleicht schon vorbereitet, indem du in der Zeit zuvor der Tierarztpraxis deines Vertrauens

einen kurzen Besuch abgestattet hast, um deinem Welpen die Chance zu geben, den Tierarzt und seine Helfer zunächst einmal ganz ohne großen Stress kennenzulernen. Bei einem solchen Besuch darf der Welpe ausnahmsweise auch mal eine große Portion Leckerchen »nur für Anwesenheit« abstauben, um sich an Personal, Räumlichkeiten und Dinge wie beispielsweise den metallenen Tisch beim Tierarzt zu gewöhnen.

Zudem hilft es dem Welpen, wenn du selbst ihn bereits an typische Handlungsabläufe und Berührungen beim Tierarzt gewöhnst und unter Anleitung auch fremde Menschen bittest, deinem Hund einmal vorsichtig und unter Streicheleinheiten in Ohren, Maul und auf die Pfoten zu schauen. So erschrickt der junge Hund nicht, wenn der Tierarzt ebenso verfährt. Ab der 12-ten Lebenswoche steht dann die Nachimpfung auf dem Programm und auch die erste Tollwutimpfung ist nun fällig. Achte beim Impftermin darauf, dass die Tierärzte und Helfer sehr behutsam und dennoch souverän mit deinem Welpen umgehen und sich die nötige Zeit nehmen. Eine Impfung ist zwar schnell gemacht, doch hinterlässt sie im Zweifel einen bleibenden (guten oder schlechten) Eindruck.

Haben Welpen bisher keine schlechten Erfahrungen durch akute Krankheiten beim Tierarzt gemacht und wurden sanft an eine Behandlung gewöhnt, dann wird ein Impftermin auf diese Weise eher zu einem kleinen, netten und (im Punkto Leckerchen) reichhaltigen Abenteuer und davor braucht schließlich niemand Sorge haben – weder dein Welpe noch du selbst. Ein Gedanke, der im Wartezimmer des Tierarztes hingegen immer präsent sein sollte: bei einem Tierarzt sitzen in der Regel einige kranke Hunde. Daher gilt: auch wenn dein Welpe noch so gerne spielen oder »mal Hallo« sagen möchte, sind andere Hunde im Wartezimmer ebenso tabu, wie es der gemeinsame Wassernapf sein sollte!

Zudem sollte bedacht werden, dass die Auffrischung der ersten Impfungen, die es im Alter von acht Wochen gab, zusammen mit der Tollwutimpfung eine ganz schöne Anstrengung für den kleinen Körper bedeutet. Viele Tierärzte bieten dir deshalb an, diese Impfungen auf zwei Termine aufzuteilen. Ich würde diese Variante immer bevorzugen, zumal man für die zweite Spritze in der Regel lediglich einmal kurz beim Tierarzt vorbeischauen muss, da er den Welpen ja vorab bereits gründlich unter die Lupe genommen hat. An den Tagen, an denen dein Welpe geimpft wird, sollte zudem das restliche Tagesprogramm sehr minimalistisch gehalten werden. Nach einer Impfung kann es gut sein, dass dein Welpe etwas müder ist als sonst und viel schläft oder aber besonders aufgedreht und kaum zu bändigen wirkt. Sorge in jedem Fall für eine ruhige Atmosphäre, leite deinen Welpen notfalls etwas zum Ruhehalten an und behalte ihn an diesem Tag gut im Auge, um eventuelle Impfreaktionen zu bemerken.

Vielleicht noch ein paar wichtige Worte zum Thema Gesundheit und auch der Impfung des Welpen. Achte immer darauf, dass dein Welpe komplett gesund ist, wenn du ihn impfen lässt.

Auch ein »dreckiges Ohr« würde mich immer davon abhalten, in diesen Zustand hineinimpfen zu lassen. Mit diesem Ausdruck spreche ich nicht von minimaler Verschmutzung, sondern von ziemlich viel »Dreck« im Ohr, der manchmal nur beiläufig erwähnt wird. Nur ein gesunder Hund gehört geimpft. Ist dies nicht der Fall, sollte immer gewartet werden, bis die allgemeine Voruntersuchung wieder völlig ohne Befund bleibt.

Nicht selten kamen chronische Ohrentzündungen zu mir als Tierheilpraktikerin, die im Grunde »seit man den Welpen hat« immer schon von diesem Problem betroffen waren. Ob hier wirklich ein kausaler Zusammenhang besteht, vermag ich nicht in ausreichender Form zu beurteilen. Dennoch würde ich immer auf einem tadellosen Gesundheitszustand bei einer Impfung bestehen. Auch die gefühlte Zunahme von Allergien verschiedenster Art und jeder Menge Aussprüche von »Futterunverträglichkeiten« bestärken mich in dieser Haltung.

Insbesondere die Futterunverträglichkeiten verfolgen mich in der Praxis immer häufiger. Dabei ist hier ganz wichtig zu unterscheiden:
Futtermittelallergie vs. Nahrungsunverträglichkeit
Diese beiden Begriffe werden nur allzu oft gleichgesetzt und durcheinandergeworfen.
Manchmal kommt es mir heutzutage vor, als sei es richtig aus der Mode gekommen, einfach einen Hund zu haben, der alles fressen kann und darf, was grundsätzlich ein Hundemagen aufnehmen kann.
Es muss Monoprotein – am besten vom kaukasischen gelockten Wasserbüffel – getreidefrei, gluten-/lactose- und-was-weiß-ich-nicht-noch-frei sein.
Gefühlt jeder zweite ist allergisch, verträgt dies und jenes nicht. Ist ein Hund tatsächlich sofort gegen einen Stoff in der Nahrung allergisch? Oder kennt sein Magen-Darmtrakt vielleicht einfach gewisse Substanzen nicht und reagiert darauf ein wenig – naja – aufgeregt?! Oder haben wir es mit einer Unverträglichkeit zu tun?
Ok, ein bisschen Spaß bei Seite.
Bei einer Allergie handelt es sich um eine durch das Immunsystem hervorgerufene Überempfindlichkeitsreaktion. Der Organismus bildet Antikörper, sog. Immunglobuline, die auch bei einer Blutabnahme nachweisbar sind. Sie gehören zur Gruppe der IGe.
Nahrungsmittelunverträglichkeiten sind eine Überempfindlichkeit, die nicht primär durch das Immunsystem hervorgerufen werden!
Sie können verschiedene Ursachen haben. Der Körper kann einen Mangel an Enzymen haben, der Stoffwechsel gestört sein, wodurch der Organismus nicht fähig ist, gewisse Bestandteile der Nahrung zu verdauen. Verdauungsbeschwerden, wie immer wiederkehrender Durchfall können die Folge sein!
Während bei einer Allergie wirklich nur hilft, das Allergen so gut es geht zu vermeiden, kann natürlich die Beratung und die Ursachenforschung bei Nahrungsmittelunverträglichkeiten etwas langwieriger sein.

Fit für das, was abzuwehren ist

Auch in den ersten Lebenswochen kommt oft die Frage auf, was man dem Welpen Gutes tun kann, um seine Abwehr zu stärken. Nicht selten hat man schnell den ersten Atemwegsinfekt aus der Welpenschule aufgeschnappt und auch sonst ist es mit einem Welpen, wie mit einem kleinen Kind. Das Immunsystem muss trainiert werden. Was bedeutet aber überhaupt »Abwehr stärken« und was gehört zum Immunsystem dazu?

Die körpereigene Abwehr ist immer wieder Thema, so schauen wir uns diese einmal etwas genauer an, denn sie funktioniert bei Hunden genauso wie bei uns.

Wir unterscheiden erst einmal in die unspezifische und die spezifische Abwehr.

Die unspezifische Abwehr wirkt nicht zielgerichtet, dafür jedoch sehr schnell. Sie kommt zum Beispiel bei viralen Infektionen zum Einsatz, da hier nie spezielle Antikörper gebildet werden!

Zur unspezifischen Abwehr gehören zum Beispiel physiologische Mikroorganismen, die unsere Haut, aber auch den Darm besiedeln. Sie sorgen dafür, dass eine gesunde Flora und somit Gesundheit erhalten werden. Auch Blutzellen, wie verschiedene weiße Blutkörperchen, gehören dazu. Kleine Hautverletzungen heilen zum Beispiel immer mithilfe der unspezifischen Abwehr. Eine kleine Verletzung und schon werden Granulozyten angelockt, bilden einen Wall um die Verletzung, sondern bakterizide und antitoxische Stoffe ab, ein Fibrinnetz wird gebildet und neue Zellen können die Verletzung wieder reparieren.

Bei einer Virusinfektion werden auch die ersten Schritte sofort von der unspezifischen Abwehr eingeleitet. Fieber gehört dazu. Es erhöht die Blutzufuhr und somit auch die Bereitstellung von frischen Abwehrzellen, auch die erhöhte Temperatur selbst ist für viele Erreger schon hemmend. Auch die Bildung von Immunglobulinen wird der unspezifischen Abwehr zugesprochen. Hier kann je nach Typ, der im Blut nachgewiesen werden kann, unterteilt werden, welche Funktionen sie übernehmen.

Die spezifische Abwehr wirkt zielgerichtet, es vergeht jedoch immer ein bisschen Zeit! Von ihr werden individuelle Prozesse in Gang gesetzt.

Die spezifische Abwehr funktioniert über die spezifische Erkennung von Antigenen und kann auch ein Antigengedächtnis (Erregergedächtnis) ausbilden. Sie kann quasi auch die 2. Stufe nach der unspezifischen sein. Die aktiven Zellen hier sind T- und B-Lymphozyten. Die T-Zellen wirken als Helfer-/Supressor-/Killer- und Memoryzellen. Sie bringen Abwehrreaktionen in

Gang, beenden die Immunantwort wieder, vernichten virusinfizierte und auch Tumorzellen direkt und sorgen bei einer Zweitinfektion auch für schnelle spezifische Gegenmaßnahmen. Die B-Lymphozyten produzieren spezifische Antikörper nach dem Schlüssel-Schloss-Prinzip. Antikörper dienen quasi als Markierung. Sind Erreger damit markiert, werden Fresszellen angezogen, die diese Komplexe entsorgen können.

Du siehst, der Körper kann vieles selbst und er ist immer nach einem Gleichgewicht bestrebt! Diese Abwehrmechanismen zu unterstützen, ist in vielen Fällen der Therapie eine extrem sinnvolle Maßnahme!

Teambuilding ist angesagt

Ansonsten ist die dreizehnte Lebenswoche geprägt von – wie ich es nennen möchte – richtigem Zusammenwachsen. Man hat sich gegenseitig beschnuppern können, der Mensch hat langsam eine Ahnung, wie das neue, kleine Wesen an seiner Seite sich üblicherweise verhält und auch als Ersthundebesitzer legt sich so langsam die erste Aufgeregtheit und weicht der Freude über diesen fröhlichen Gesellen im Haus.

Zeitgleich beginnt so langsam die personenbezogene Bindung an den eigenen Menschen. Denn wenn Welpen mit ungefähr acht Wochen in ein neues Zuhause kommen, so sind die Menschen, die dort wohnen, zwar in aller Regel sofort ganz wichtig und toll, doch als Hund bleibt einem ja auch erstmal gar nichts anderes übrig, als diese als Bindungspartner anzunehmen. In dieser ersten Phase ist es daher nicht unüblich, dass fast jeder Mensch, der auftaucht und sich halbwegs freundlich verhält, als Sozialpartner wahrgenommen und genutzt wird. Dies kann der Spaziergänger unterwegs sein, der den Welpen einmal kurz anlächelt, oder auch der nette Nachbar von gegenüber – die Reaktionen des Welpen fallen ähnlich denen aus, die der Welpe auch euch gegenüber zeigt.

Völlig normal ist es ebenfalls, dass dein Welpe in dieser ersten Zeit auf alles und jeden zu rennen würde und auch kein Grund zur Sorge, dass er sich jedem anschließen möchte, der sich ihm bietet. Vor dem Hintergrund der noch fehlenden Bindung an bestimmte Menschen ist dies vom Welpen weder böse gemeint, noch das Zeichen, dass dein Welpe dich einfach vergisst. Dieses anfängliche, noch ungerichtete Folge- und Bindungsverhalten ist naturgegeben und kennzeichnet diese Zeit der Neuorientierung.

Aus diesem Grunde solltest du einfach umsichtig unterwegs sein, wenn ihr die Umwelt erkundet. Denn selbstverständlich würde dein Welpe auch sehr gerne noch jeden anspringen, über dessen Anwesenheit er sich freut.

Das finden in diesem Alter zwar die meisten Menschen noch niedlich, angewöhnen sollte sich dein Zwerg dies aber schließlich nicht. Daher gilt: lieber einmal zu viel anleinen als das Nachsehen zu haben. Erst um die vierzehnte Woche herum, findet auch eine wirklich personenbezogene Bindung an euch statt. Dann wird langsam immer klarer unterschieden, zu wem man gehört und welche Menschen dementsprechend wirklich wichtig sind.

Meine Lieblingskommandos

Wenn ein Welpe entweder bei mir bleibt oder ein Welpe bei mir einzieht, ist natürlich Punkt Nummer eins unbedingt, dass wir uns kennenlernen und dieses frei von penibler Erziehung und frei von großartigem Training. Es hat einfach damit zu tun, dass wir Zeit miteinander verbringen und ich als Mensch in Situationen, wo es nötig wird, Dinge für meinen Welpen regele, wir einfach miteinander spielen, kuscheln und raufen dürfen, ohne permanent in einen Trainingskontext zu stecken.

Klar habe ich ganz früh vor Augen, was für mich und meinen Hund sehr wichtig sein wird. Da ich es nicht mag, Hunde angeleint zu haben, hat alles, was dem Hund eine größtmögliche Freiheit erlaubt, für mich oberste Priorität. Das bedeutet, dass bei Trainings in der ersten Zeit insbesondere der Komm-Pfiff wichtig ist, den ich nutze. Er ist das Erste, was immer wieder in meine kleinen Ausflüge mit dem Welpen einfließt. Oder den ich im Garten in einer gewohnten Umgebung übe.

Warum ein Komm-Pfiff mit der Pfeife und nicht mit der Stimme? Das ist ganz einfach. Eine Pfeife ist immer neutral, egal wie emotional du vielleicht gerade in einer Situation bist. Sie hat immer eine gute Reichweite, egal wie der Wind gerade steht. Und ganz nebenbei können auch mehrere Personen mit einer Pfeife den gleichen Pfeifton innerhalb eines Haushaltes ausüben, sodass ich ein Signal aufkonditionieren kann, welches, wenn es gelernt wurde, dann auch für alle aus der Familie als Rückruf zur Verfügung stehen kann.

Sehr einfach macht es dir ein Züchter, der mit dieser Pfeife schon früh anfängt, die Welpen zu konfrontieren. Dann, wenn gefressen wird, also wenn zugefüttert wird, so mit fünf bis sechs Wochen, gehen viele Züchter schon hin und stellen für die Welpen Futter bereit. Während die Welpen fressen, kommt ein bestimmter Pfeifton. Das wiederholen Herrchen und Frauchen oder Züchter und Züchterin natürlich immer wieder, sodass irgendwann die Welpen allein schon bei dem Pfiff genau wissen, dass gleich Futter serviert wird.

Mit dieser Erwartungshaltung als Welpenkäufer weitermachen zu können, wenn der Welpe bei dir eingezogen ist, und es fortführen zu können, indem du Situationen ausnutzt, die für den Komm-Pfiff dienlich sind, ist ein wahres Geschenk.

Starte hierzu immer in Situationen, in denen du ahnen kannst, dass dein Welpe jetzt gerade zu dir kommt. Also er ist vielleicht drei, vier Meter von dir entfernt gewesen und du hockst dich

hin. Was passiert? In der Regel kommt der Welpe zu dir angehüpft. Und in dem Moment, in dem er zu dir läuft, also sich dreht und zu dir kommt, nimmst du einfach den Komm-Pfiff mit dazu. Dieser hat keine bestimmte Reihenfolge. Bestenfalls weißt du, welchen Pfeifton dein Züchter dafür genommen hat. Diesen kannst du hier ganz simpel einführen. Nun möchte ich dir natürlich nicht vorenthalten, was für mich wichtig ist, was ein junger Hund, der uns später in allen Lebenslagen begleiten wird, lernen sollte.

Sicherlich gibt es unterschiedliche Sichtweisen und für mich ist vielleicht eine Verhaltensweise wichtiger, als sie es für dich ist. Jeder hat in seinem Alltag und Leben ein paar Punkte, die wir als Priorität 1 definieren und manche Sachen, die uns nicht so wichtig sind. Bei mir persönlich ist es so, dass alles, was meinem Hund Freiheit im Alltag und in unserem gemeinsamen Leben beschert, definitiv an erster Stelle steht. Nicht viele Sachen sind mir wirklich wichtig und nicht viele Dinge trainiere ich. Wenn ich mir manchmal anschaue, was andere Hunde so können, bin ich immer ganz erstaunt, wie wahnsinnig vielseitig sie unterwegs sind. Für mich sind wenig Signale wichtig, aber diese möchte ich auch in einer gewissen Perfektion von den Hunden haben.

Wenn wir uns ein bisschen umschauen, dann wissen wir ganz schnell, was uns persönlich wichtig ist, was unser eigener Hund unterm Strich können sollte.

- Etwas, was zu jedem freiheitsbescherenden Trainingsprogramm für einen Hund gehören sollte, ist unbedingt, dass er zurückkommt, wenn ich ihn zu mir holen möchte.
- Dass er an einem Ort sitzen bleiben kann, an dem ich ihn absetze und er abwarten kann, auch wenn um ihn herum verschiedene Dinge passieren.

Solch banale Dinge eben. Egal, was ich meinem Hund beibringen möchte, ich verfahre auch hier sehr gerne nach dem immer ähnlichen Prinzip. Vielleicht hast du es auch schon einmal von diesen vier Buchstaben gehört, die sich so nett anhören: Kiss.

KISS

Nicht nur von englischen Trainern hört man dieses Wort häufiger, wenn es darum geht, wie man ein Training gestaltet. Und was verbirgt sich dahinter? Etwas ganz Einfaches. Nämlich es immer einfach zu halten: »Keep it simple stupid« oder »Keep it stupid simple«.

Ich weiß nicht genau wie herum. Aber es soll nichts Anderes bedeuten, als dass das Training immer sehr logisch und einfach aufgebaut, umgesetzt und weitergeführt werden sollte. Warum? Um möglichst wenig Misserfolge, Konflikte, Frust und all das, was wir uns im Training nicht wünschen, aufkommen zu lassen. Je einfacher ich die Dinge halte, je simpler ich das Ganze strukturiere, desto schneller werde ich Erfolge sehen.

Somit ein gutes Gefühl bei meinem Hund und mir fördern und festigen. Denn wir wissen alle, dass Erfolg beim Lernen definitiv ein guter Motivator ist. Die Dinge so einfach wie möglich zu halten, ist manchmal gar nicht so leicht, wie es sich erst anhört. Denn wenn wir es einfach halten möchten, sollten wir vorab immer wissen, was für uns wirklich zu den Dingen gehört, die uns wichtig sind. Auf welche Signale und Verhaltensweisen konzentriere ich mich, die mir erst einmal deutlich wichtiger als andere im Training sind? Denn führen wir uns einmal ganz kurz wieder vor Augen, wie Training funktioniert, so wissen wir alle, dass wir irgendwie starten, den Hund in die Bewegung oder in das Verhalten zu bringen, zu locken und zu motivieren, welches wir gerne vom Hund sehen wollen würden. Wie auch immer wir das anstellen, ist jetzt erst einmal gar nicht so wahnsinnig wichtig, denn es geht um das grundsätzliche Verstehen.

Sehen wir das Verhalten, was wir uns wünschen, durch unsere Herbeiführung immer wieder beim Hund, so können wir beginnen, dies zu benennen.

Möchten wir dies benennen, dann sollten wir irgendwann unsere Hilfen, mit denen wir gelockt oder motiviert haben, um ein Verhalten beim Hund auszulösen, Stück für Stück abbauen. Gebe ich im richtigen Moment mein Signal zum Verhalten dazu, verknüpfen wir diese beiden Elemente miteinander.

Dann wissen wir aber auch, dass zuverlässiges Aufzeigen eines solchen aufkonditionierten Signals beim Hund nur dann möglich ist, wenn ich diese Verhaltensweise in den verschiedensten Situationen unter unterschiedlichen Bedingungen mit ganz vielen anderen Geländen, Umgebungen, Situationen immer wieder herbeiführe und immer wieder verändere. Wir dem Hund also eine Chance geben, es zu generalisieren.

Es ist ein langer Prozess bis zu dem Punkt notwendig, an dem wir sagen können, dass unser Hund »es« wirklich kann. Jetzt möchte ich gar nicht behaupten, dass ein Hund, der das noch nicht zu 100 Prozent kann, kein schlauer Hund wäre. Ganz im Gegenteil. Ich möchte einfach dafür plädieren, darüber nachzudenken, wie viel wir teils von unseren Hunden erwarten, trotz mangelnder Übung. Sehen wir uns diesen Prozess lediglich für ein einziges Signal an, sollte uns klar sein, dass je mehr Signale wir von unserem Hund zuverlässig zukünftig abfragen möchten, wir einfach unheimlich viele Wiederholungen brauchen für jedes einzelne Signal.

Je mehr Signale es werden, desto mehr Arbeit kommt auf uns und unseren Hund zu.

Es wird viel Klarheit von dir erforderlich sein, um diese unterschiedlichen Kommandos auseinanderzuhalten. Und ja, auch Zeit wird eine gewisse Rolle spielen, denn um Dinge wiederholen zu können, brauchst du sie.

Also überlege dir doch lieber gleich, welche Dinge dir wirklich wichtig sind.

Starte erst mal mit diesen. Fange nicht fünf verschiedene Sachen auf einmal neu an, um möglichst schnell viele Dinge in den Hundekopf hineinzwängen.

Gerne nehme ich hier auch die Beschäftigungsvarianten direkt mit hinzu. Du weißt vielleicht mittlerweile, dass Dummytraining für mich die Art und Weise ist, wie ich mich mit meinen Hunden beschäftige. Und weswegen mich auch Kunden aufsuchen.

Gerade wenn man einen Hund neu hat, vielleicht auch ganz neu im Thema Hund allgemein ist, dann überlegt man sich doch, dass man ganz viel Verschiedenes mit dem Hund ausprobieren könnte.

Häufig mischt man sehr früh verschiedene Sachen miteinander und erwartet, dass der Hund drei »Sprachen« gleichzeitig lernt. Stelle dir vor, du würdest in einer Woche mit den ersten Vokabeln für Spanisch, Französisch und Latein starten, hättest du sie schnell und zuverlässig in deinem Kopf?

Ich empfehle immer, wenn du eine Beschäftigungsvariante mit deinem Hund sehr intensiv ausüben möchtest, oder dir vorstellen kannst, sie sehr intensiv auszuüben, erst einmal in dieser Sparte eine solide Grundlage zu erarbeiten.

Eigne dir die Grundlagen hierfür an und startet Schritt für Schritt.
Merkst du vielleicht nach einem Jahr beim Hund, dass er dies gut verstanden hat und eine gewisse Sicherheit in der Ausführung zu sehen ist und du das Bedürfnis hast, noch weitere Dinge kennenzulernen, dann ist es doch an der Stelle immer noch ein guter Zeitpunkt, sich ein zweites Hobby anzuschauen.

Denn es ist schon sehr viel, dem Hund die Möglichkeit zu geben, neben all den Alltagsthemen, die er mit dir im ersten Jahr durchläuft, noch EIN Hobby nebenher, welches er sehr ordentlich ausführen soll, zu lernen. Wir haben ganz oft besondere Vorstellungen und wollen unheimlich viel.

Gerade wenn wir uns das erste Mal den Hundewunsch erfüllen, sind wir voller Enthusiasmus und möchten am liebsten alles auf einmal. Aber einen Hund zu erziehen, ist nun mal ein Prozess, dem wir ein bisschen Zeit geben dürfen. Wenn wir uns das vor Augen führen, so entspannt sich die Lage schon oftmals sehr.

Insbesondere dann, wenn wir das schon mal mit einem Hund durchlebt haben, wissen wir, dass ich mit einem einjährigen Hund lange nicht die Selbstverständlichkeit habe und überhaupt nicht die Dinge machen kann, die ich locker mit einem Vierjährigen machen kann, wenn ich im Training dranbleibe. Voraussetzung hierfür ist, dass ich von Anfang an klare Kommunikation, klare Signale und klaren Aufbau gesetzt habe. Und um auf diese Einfachheit und zurück zu diesem »**Keep it simple stupid**« zu kommen, macht es deinem Hund und dir das Leben grundsätzlich leichter.

Zurück zu den Dingen, die ich am Anfang wirklich wichtig finde.

Schnell kannst du dich aber auch noch für einen Eigenen entscheiden und diesen dann kontinuierlich beibehalten. Das heißt, nutze den **Komm-Pfiff** zu Beginn immer in Situationen, in denen der Hund sowieso gerade auf dich zuläuft. Sehr einfach ist es, wenn du in ablenkungsarmen Umgebungen bist und dir niemand dazwischen läuft.

Ganz schlecht ist es, in diesem Alter dann die Pfeife zu nutzen, wenn der Welpe gerade wirklich nicht kommen kann. Beispielsweise habt ihr vielleicht einen anderen Welpen getroffen. Sie spielen miteinander und dann kann es tatsächlich schwierig werden, die Welpen aus dem Spiel heraus zu rufen. Nutze also die ersten Wochen vor allem allein in ablenkungsarmen Umgebungen. Dort, wo sich der Welpe schon ein bisschen auskennt. Rein theoretisch kannst du das auch im Haus oder in der Wohnung machen. Und die Bewegung des Welpen auf dich zu verbindest du immer wieder mit diesem Pfiff, der ankündigt, dass jetzt gleich eine tolle Belohnung kommen wird.

Selbstverständlich darfst du dich neben einer tollen Belohnung in Futterform auch noch verbal und sozial freuen. Es sollte für deinen Hund immer die tollste Party sein, wenn er zu dir flitzt. Ganz ehrlich, hierbei ist mir auch vorerst egal, ob mein Welpe mich anspringt oder ob er hüpft. Am Anfang hocke ich mich sowieso jedes Mal hin, wenn mein Welpe zu mir kommt. Lieber werde ich einmal angesprungen, als dass mein Welpe oder später auch mein Hund nicht gerne zu mir gelaufen kommt. Das Ganze führen wir natürlich immer weiter. Aber den Anfang

mitzunehmen und auch schon die ersten Wochen dafür zu nutzen, diesen Pfiff immer wieder anzubringen, das ist wirklich ein Punkt, der mir super wichtig ist.

So kannst du viele Wiederholungen einbauen. Die Idee ist, dass dieser Pfiff so verinnerlicht wird, dass er irgendwann fast wie automatisch abläuft, den Pfiff zu hören, sich sofort umzudrehen und zu dir zu kommen. Weil du so viele Wiederholungen mit deinem Hund geübt hast, die gut gelaufen sind. Welche quasi immer das Versprechen auf die Belohnung waren und diese Versprechen wurden immer erfüllt, sodass du hier viele Pluspunkte für deinen Komm-Pfiff sammelst. Er steht gerade zu Beginn sicherlich bei mir auf Punkt Nummer eins der Liste für die wichtigen Kommandos.

Die Ruhezone ist Punkt Nummer zwei auf meiner Welpenagenda. Es spielt eine wichtige Rolle, bei mir, dass der Hund an einem Ort bleiben kann, ohne mir jedes Mal hinterherzulaufen.

Hierfür nutze ich zum Start ganz gerne die **Ruhedecke**. Also, eine Decke, die ich erst einmal im Haus ausbreite und meinen Welpen in kleinsten Schritten auf die Decke platziere und das

Dortbleiben angenehm mache, es quasi »schön füttere«. Im ersten Trainingsschritt versuche ich, mich lediglich hinzustellen, während mein Welpe auf der Decke hocken bleibt und von mir dort immer wieder in kurzen Abständen mit Futter belohnt wird. Entweder füttere ich den Welpen direkt von der Hand zum Maul oder ich lege ihm immer wieder einen Keks auf die Decke, den er sich dann nehmen darf.

Immer dann, wenn er auf der Decke sitzen bleibt und sich die Kekse, die ich hinlege, nimmt, sage ich in meinem Fall das Wort »Decke«. Dies fällt in meinem Hundealltag später selten und ist für mich somit das logischste Wort für die Situation. Was du persönlich wählst, ist selbstverständlich komplett dir überlassen.

Wenn der Azubi dann auf der Decke ist, gehen wir in kleinsten Schritten immer wieder etwas weiter weg. Gar nicht weit weg. Denn es geht erst einmal nur darum, deinem Welpen möglichst viele positive Rückmeldungen auf dieser Decke zu geben. Ihm quasi zu vermitteln, dass es sich lohnt, dort zu sein, weil er jetzt gerade von mir dafür Kekse bekommt. Und ich kann vielleicht ein Bein nach hinten stellen und mich ein bisschen auf das hinten stehende Bein lehnen, dass ich mich minimal vom Hund entferne. Irgendwann auch mal einen Schritt vom Hund weggehen. Einen Schritt wieder zum Hund zurück und direkt wieder einen Keks auf die Decke legen.

Ganz wichtig ist, dass immer nur auf der Decke gefüttert wird. So kann ich in minimalen Schritten das Ganze nach und nach ausbauen, sodass ich irgendwann die Decke ausbreite und der Hund vor lauter Freude, weil ich die Decke schon wieder auf den Boden lege, sofort da ist und auf der Decke sein möchte. So kann ich diese Decke nun mit an verschiedene Orte nehmen, denn mein Hund hat sie positiv kennengelernt. Selbstverständlich muss ich das viele Futter, was ich zu Beginn nehme, nach und nach ausschleichen, je weiter wir im Training fortschreiten. Aber gerade zum Trainingsstart gehört es einfach dazu, dass ich viele Situationen schaffe, in denen mein Hund schnell für gutes Verhalten belohnt werden kann.

Sind wir soweit, dass wir die Decke auf dem Boden ausbreiten können und der Welpe am liebsten sofort darauf Platz nehmen möchte, dann können wir diese Decke auch mitnehmen zum Outdoor Training. Dort können wir sie als Abwarteunterstützung nutzen.

Nach und nach etabliert sich dieses kleine Hilfsmittel zu einem Ruhepol, zu einem angenehmen Ort, den ich überall mit hinnehmen kann, ob ich ins Restaurant gehe, ob ich in eine Junghundestunde gehe. Oder was auch immer ich tue, diese Decke kann dem Hund helfen, in vielen Situationen immer einen Platz zu wissen, auf dem er bleiben darf und sich sicher fühlen kann.

Mit Punkt Nummer drei bin ich schon bei einem für mich noch wichtigeren Werkzeug – der **Fußarbeit**, also wirkliches Fußlaufen.

Jetzt kannst du es natürlich in Frage stellen, ob dir korrekte Fußarbeit im Alltag überhaupt wichtig ist. Vielleicht denkst du, ich habe einen Familienhund und ich will gar kein Hobby mit ihm machen. Dafür brauche ich das doch gar nicht?! Auch das ist völlig in Ordnung. Für mich und für mein Training, aber auch in der Mehrhundehaltung, ist es meiner Ansicht nach unabdinglich, dass meine Hunde lernen, bei mir bei Fuß zu gehen, sobald sie eine spezielle Halsung tragen. Denn wenn es noch etwas gibt, was ich nicht mag, außer, den Hund permanent an der Leine halten zu müssen, ist es, wenn Hunde an der Leine ziehen.

Aus meiner Sicht ist es trotzdem für einen Hund, der vielleicht nie ein großes Hobby haben soll, total praktisch. Stellen wir uns mal vor, wir haben eine Hundebegegnung. Wenn mein Hund gelernt hat, sauber bei Fuß zu gehen, dann kann er eigentlich gar nicht pöbelnd in der Leine hängen. Wenn mein Hund sauber gelernt hat, bei Fuß zu gehen, dann kann er in einer Fußgängerzone ab einem gewissen Ausbildungsstand ruhig neben mir laufen und braucht sich über viele Dinge drumherum gar nicht aufzuregen. Oder mich gar nicht darum zu kümmern, denn er hat ein Kommando und weiß, dass es sich lohnt, dieses auszuführen und die stets folgende Belohnung einzusammeln.

Mit dieser Herangehensweise, mit dieser Haltung zu diesem Signal, macht für mich Fußarbeit den Alltag in vielen Situationen deutlich leichter. Somit gehört dies definitiv auch mit zu meinen Lieblingskommandos.

Wichtig ist es, zu verstehen, dass wir das Prinzip, dass wir das Training immer in kleine Schritte herunterbrechen, hierfür verinnerlicht haben. So kümmern wir uns im ersten Schritt nur darum, dass unser Hund gerne an unserem linken Bein positioniert ist. Gut kann es sein, das Ganze vor einem Spiegel zu starten. Damit man lernt, einzuschätzen, was der Hund gerade tut, wo er exakt sitzt und wie dies dann tatsächlich aus meiner Perspektive aussieht. Sitzt er wirklich gerade neben mir oder wo habe ich ihn bestätigt?

Denn die Verhaltensweise, die wir haben möchten, ist, dass unser Hund ans Bein herankommt und in dieser Position, die ich definieren muss, bleibt. Egal, was ich später tue, ob ich laufe, mich drehe oder anhalte. Wenn der Hund diese Position gerne einnimmt und gerne hält, dann hast du unheimlich viele Kommandos nicht mehr nötig und freudige Fußarbeit geht euch damit leichter von der Hand. Es ist gar nicht so langweilig oder trocken, wie viele immer denken.

Mit einem Welpen starte ich, um dir nur die ersten ein, zwei Schritte vielleicht zu erklären, gerne so, dass ich hier mit vielen kleinen Futterbrocken arbeite.

Für das Dummytraining an sich nehme ich tatsächlich kaum Futter. Da gibt es wenige Situationen für mich, in denen es sinnvoll ist, Futter zu verwenden. Gerade für den Komm-Pfiff, aber auch für die Fußarbeit nehme ich im Gegenteil dazu sehr viel. Mit diesen kleinen Futterbrocken mache ich es immer wie folgt: Ich habe in der linken Hand einen Futterbrocken, in die rechte nehme ich ein paar mehr, sodass sie quasi als meine Vorratshand dient. Meist habe ich auch einen Leckerlibeutel, ein ganz simples Ding, einfach auf der rechten hinteren Hosentasche, sodass noch mehr Nachschub immer ganz schnell gegriffen ist.

Mit diesem Futterbrocken in der linken Hand locke ich den Welpen ganz in Ruhe mit einer ruhigen Armbewegung dorthin, wo ich gerne den Hund in der Fußposition haben möchte. Habe ich den Hund in der Fußposition, gibt es exakt dort den Keks. Nirgendwo anders. Nicht rechts, nicht links, nicht vorne, nicht zurück, sondern dort, wo er mit der rechten Schulter ungefähr auf Höhe von meinem linken Bein und linken Knie ist. Bei einem Welpen ist es eher das linke Bein. Und ob er dort steht oder sitzt, ist mir erst einmal ziemlich egal.

Es geht nämlich gar nicht um das Sitz, es geht um: »Ich bin am linken Bein.« So dicht und eng, wie möglich du deinen Welpen dorthin geführt bekommst, denn wir üben erst einmal mit dem Hang zur Perfektion. Wenn später Aufregung dazukommt, bleibt nicht mehr so wahnsinnig viel von diesem perfekten Bild übrig.

Das wiederhole ich einfach immer wieder. Selbstverständlich freue ich mich immer dann, wenn mein Hund in die Position kommt, wo ich ihn gerne hätte. Auch hier gilt, das Verhalten beim Hund immer wieder zügig und flüssig zu sehen, nimmst du dein späteres Signal für das Fuß mit hinzu, also beispielsweise: »Fuß.« Für mehr Wiederholungen in kleinen Schritten kannst du einfach deine Position kurz verändern, also einen Schritt vom Welpen weggehen und ihn wieder an dein linkes Bein holen, sodass du ihn immer wieder dazu animierst, neu an dein Bein heranzukommen.

Achte darauf, bei Übungsstart in einer ablenkungsarmen Umgebung zu sein. Ich mache dies gerne im Haus, in der Wohnung mit glattem aufgeräumtem Boden. Denn was ich gerne mache, um den Welpen immer wieder von mir wegzubekommen und ihn dann wieder in die Position hineinzuholen und einzuladen, ist, dass ich mit der rechten Hand ein Leckerli mit einer kleinen Freigabe, also beispielsweise einem »Okay« einfach nach vorne, nicht weit, von mir wegrollen lasse oder es werfe. Der Welpe holt sich dieses. Sobald er es geholt hat, locke ich ihn wieder zu meinem linken Bein zu kommen. Es ist also ein Wechselspiel aus Locken an die linke Seite und in die Grundposition zu bringen. Und um den Welpen aus der Position wieder zu lösen, mit der rechten Hand ein Leckerli nach vorne wegzurollen, es den Hund holen zu lassen und wieder in die linke Position hineinzugehen. Das sind die ersten Schritte, die ich ganz gerne mache. Wenn das gut klappt, also du deinen Welpen immer schnell ans linke Bein heran bekommst, dann könnt ihr auch starten, einen Schritt gemeinsam zu gehen. Vielleicht auch zwei und Mal einen Schritt nach rechts wegzurücken.

Vielleicht könnt ihr euch gemeinsam am Bein um 90 Grad drehen? Den Hund hierbei bitte immer mit der linken Hand unten in Nasenhöhe mit dorthin locken und nicht völlig überraschen, wenn du so etwas vorhast. Gib dem jungen Hund immer die Möglichkeit, gut mit dir mitzuarbeiten. Mir ist ganz wichtig, dass es hier noch gar nicht darum geht, ewig weit mit dem Hund zu laufen. Viele denken immer gleich, dass Fußarbeit bedeutet, sie müssten mit ihrem Hund laufen. Für mich ist der Schritt, zu verstehen, an deinem Bein zu sein, viel wichtiger.

Und ebenfalls sehr wichtig: Solange ich diese Signale aufkonditioniere und üben muss – das gilt für die Fußarbeit, für die Decke, das gilt auch für den Rückpfiff – nutze ich diese Worte niemals in Situationen, um den Hund zu korrigieren.

Deswegen trenne ich Leinenführigkeit und Fußarbeit tatsächlich sehr. Leinenführung bedeutet für mich, dass ich meinen Hund gesichert habe. Und wenn ich in solch einem Umfeld wohne, dass ich mit ihm von A nach B angeleint gehen muss, ich ihn hier entsprechend sichern kann. Es ist mir aber egal, weil ich ein feststehendes Halsband oder Geschirr nutze oder vielleicht sogar auch beides, ob der Welpe mal ein bisschen rechts läuft, mal ein wenig links, mal ein bisschen vorne oder mal schnüffelt.

Fußarbeit wiederum bedeutet wirklich Konzentration, neben mir zu laufen und nichts anderes zu tun. Das aufzutrainieren, dauert Zeit und braucht gutes Timing. Solange dies noch nicht über längere Strecken anwendbar ist, bediene ich mich der Leinenführung draußen.

Diese zwei Sachen trenne ich sehr klar voneinander.

Meine drei wichtigsten Kommandos gerade zu Beginn: Tatsächlich der Rückruf, die Decke und die Fußarbeit! Allerdings stehen diese Trainingsthemen immer hinter Bindungs- und Beziehungspflege an.

Das mit dem Futter – Leckerli vs. Beziehung

Der Keks oder ich, das ist so etwas wie eine unendliche Geschichte. Der eine meint, seinen Hund ständig füttern zu müssen als Belohnung, Anerkennung seiner Leistung, oder schlicht, um sich die Aufmerksamkeit seines Hundes zu sichern.

Der andere wiederum betont stets, seine Erziehung frei von Leckerli zu halten, er sei schließlich kein wandelnder Futterautomat. Der Hund solle stets folgsam sein, der Sache wegen, und nicht, weil man sich mit Würstchenketten schmücken. Nun – eines sollte so langsam jeder Trainer verstanden haben: Es gibt einfach nicht die eine Methode und schon gar nicht den einen Hund, der immer gleich zu behandeln ist.

Gehen wir doch einfach einmal zu dem Punkt, wofür ein Keks eigentlich gut sein könnte. Nahrhaft ist er in der Regel, zeigen uns die Hundemodelle, welche mit ausreichend Keksen im Gegenzug jedoch mit zu wenig Bewegung oder Ausgleich am regulären Futter bedacht werden, eine außerordentliche Umfangszunahme jenseits der Rippenbögen.

Das ist jedoch nicht der einzige Punkt, den ein Keks zu bieten hat. Sind wir ehrlich zu uns selbst, so brauchen wir auch eine Motivation, um geforderte Arbeit im Job zu vollrichten. Für den einen sind es lediglich die Taler, die jeden Monat aufs Konto landen, andere freuen sich darüber, sich selbst zu verwirklichen, aber am Ende braucht es für jeden die passende Motivation. Und so unterschiedlich die Ziele auch sein können, so unterschiedlich sind auch die Motivatoren. Die Motivatoren veranlassen mich einfach dazu, ein bestimmtes Verhalten an den Tag zu legen, weil ich mir sicher bin, dass dieses Verhalten auch belohnt werden wird.

Ich weiß zum Beispiel, dass, wenn ich eine Einzelstunde gebe, ich X-Taler dafür am Ende erhalte. Es lohnt sich also für mich, diese Einzelstunde zu beginnen, meinen Weg dorthin zu machen, mein Bestes in der erwarteten Zeit zu geben und mich am Ende über Betrag X zu freuen. Biete ich eine Trainingswoche an, so weiß ich, dass ich am Ende Summe X dort stehen werde, welche sicher eine andere ist als für eine Einzelstunde. Im Umkehrschluss sind aber auch größere Anstrengungen, ein höherer Zeitinvest und eine weitere Anreise in der Regel damit verbunden. Viele schöne Erinnerungen, Bilder und Videos erfreuen mich zudem im Anschluss.

Für verschiedene Verhaltensweisen benötige ich also eine differente Entlohnung und für kleinere Schritte reicht mir eine verhältnismäßig kleinere Belohnung als bei größeren Ereignissen.

Warum ich dir das alles so erzähle? Weil es deinem Hund nicht anders geht. In eurem gemeinsamen Zusammenleben gibt es verschiedene Bereiche und Ziele. Die einen gehören zum

Bereich Training, andere zu dem Bereich Erziehung und damit pädagogischer Einflussnahme auf das Verhalten im umweltbedingten Kontext. Nun kann ich doch nicht platt sagen, dass ich nie das eine oder nie das andere nutze. Also entweder völlig gegen Futter, oder das andere Extrem, völlig gegen körpersprachliche Interaktion als Richtwert für meinen Hund bin. Zum einen beraube ich mich selbst meiner Instrumente im Bereich Erziehung und Training, zum anderen werde ich immer im Zusammenleben an Grenzen stoßen, die eben nicht in eine Methode hineinpassen, weil Leben unberechenbar ist.

Gerne wird auch das Thema des adäquaten Verstärkers mit den Worten der fehlenden Bindung verwechselt, oder gar die Intention geschaffen, man wolle mit der Futterbelohnung Bindung erzielen. Dass diese beiden Bereiche in der Form überhaupt nichts miteinander zu tun haben und hier simple Verstärker aus dem Lernverhalten mit den Voraussetzungen für Bindungsaufbau gleichsetzen, lässt mangelnde Differenzierung und Kenntnis dieser vermuten. Während Bindungsaufbau durch maßgeblich Umstände wie sozialer Interaktion, Nähe, Ruhe, Schutz, Geborgenheit und Vorhersehbarkeit begünstigt und somit die Entwicklung einer stabilen Persönlichkeit gefördert wird, dient eine Futterbelohnung schlicht und ergreifend korrekt eingesetzt als situatives Kennzeichnen von erwünschtem Verhalten.

Die stabile Persönlichkeit und eine sichere Bindung sind zwar zweifelsohne der Anker für Neugierde, freies Erkunden und stressarmes Lernen und dienen somit als Basis für Lernsituationen in denen ich meine Futterbelohnung einsetzen könnte. Diese beiden Bereiche miteinander gleichzusetzen wäre jedoch wie Äpfel mit Birnen vergleichen zu wollen. Schauen wir uns diese böse Futterbelohnung doch einmal genau an.

Futterbelohnung und was sie ist

- Bei einer Futterbelohnung arbeiten wir mit einem Verstärker, der die Grundbedürfnisse des Hundes anspricht. Dies sind beispielsweise Nahrung und soziale Nähe.
- Als Verstärker verstehen wir die Mittel, welche wir einsetzen, um dem Hund korrektes Verhalten zu kennzeichnen.

Nun gibt es je nach Ziel unterschiedliche Abstufungen, welche ich verstärken muss, um dem Hund in kleinen Schritten verständlich zu machen, was genau ich von ihm in dem Moment möchte. Es mag ja sein, dass ich bei einem Familienbegleithund vergleichsweise zufrieden bin, wenn dieser sich nicht an der Leine zieht, sich an mir orientiert und ich dies durchaus auch körpersprachlich verstärken und richtiges Verhalten beantworten kann.

Es könnte aber auch sein, dass ich mit meinem Hund sportlich aktiv sein möchte, der Hund gar einen wirklichen Job befolgt und Fähigkeiten sicher erlernen und festigen muss, um diese auch in herausfordernden Situationen sicher abrufen zu können.

Der Weg dorthin ist egal für welche Handlung ich spreche, sehr kleinschrittig. Arbeite ich kleinschrittig, brauche ich in der Regel auch eine hohe Belohnungsrate. Sprich ich muss sehr oft, schnell und unspektakulär belohnen. Nehme ich profan die Position »Fuß«, ob für Diensthund oder Jagdhund, oder, oder... darf es darüber im Ziel keine Diskussion mehr geben.

Fleißarbeit und kleinste Belohnungsschritte

Ganz ehrlich, wie oder vielmehr noch warum!?, sollte ich hier auf Futterbelohnungen verzichten? Was bietet mir die körpersprachliche Belohnung hier, wenn ich in einer kurzen Einheit gerade zu Beginn des Trainings innerhalb von 2 Minuten vielleicht 30 x eine Bestätigung gebe? Mir persönlich fällt keine körperliche Handlung ein, die so punktuell gegeben werden kann und mich nicht wahnsinnig anstrengt.

Habe ich einen futtermotivierten Hund, spricht für mich nichts dagegen, dieses auch in angemessenen Situationen klug einzusetzen. Habe ich wirklich Sorge, dass mein Hund mich dann nur für die Kekse achtet? Ist mein Ego so sehr auf der Suche nach Anerkennung durch meinen Hund, dass dieses nicht ertragen kann, dass meinem Hund die Kekse einfach verdammt gut schmecken und er bereit wäre Kopfstand dafür zu machen, wenn er nur wüsste wie?

Es ist doch nur ein Punkt wichtig, dass es eben nicht nur ein stumpfes Keks in den Hund stecken ist, sondern natürlich mit meiner freundlich gestimmten verbalen Unterstützung gekoppelt für den Hund ein Rundumerlebnis macht. Dieses ergibt für mich die Möglichkeit, auch nach und nach Futter wieder abzubauen, die Schritte größer werden zu lassen, weil die Euphorie des Lernens mit zunehmender Zusammenarbeit überschwappt und das Tun an sich viel einfacher wird und mit zunehmender Erfahrung es gar nicht mehr mein Ziel ist jede Bewegung zu markern. Hilfen jeglicher Art heißen ja Hilfen, weil ich sie eine Zeit brauche, dann aber irgendwann wieder darauf verzichten kann und sie abbauen muss.

Im Sinne des Lernverhaltens ist es doch, das gewünschte Verhalten zu bestätigen. Das Verhalten, welches sich für den Hund lohnt, wird er wieder zeigen. Was die passende Entlohnung ist, bestimmt zum einen die Motivierbarkeit des jeweiligen Hundes, aber auch die Tätigkeit, welche beigebracht werden soll. Auf Futter gänzlich zu verzichten, weil der Hund alles für mich tun soll, entbindet mich der Vollständigkeit meines Ausbildungsrepertoires.

Situativ anzuerkennen, dass ein Spiel, ein Futter, ein beginnender Freilauf, ein Bauchkraulen, ein gemeinsames über die Wiese hüpfen, das Ende einer Handlung usw. eine angemessene Belohnung sein kann, zeichnet für mich die sonst so viel geforderte Individualität in der Ausbildung aus, die mir viele Türen öffnen kann im Training und in der Erziehung meines Hundes und sie nicht von vorneherein geschlossen hält.

Bleib vielfältig und entscheide gemäß euren Zielen, was eine angemessene Belohnung ist – frei von Methode!

Apropos Futter!

Oft höre ich, dass Hundebesitzer sich wünschen, dass ihr Hund langsamer frisst und am besten noch sein Futter »kaut«. Sorry – natürlich, mit Labbis ist dies nun so gar nicht vorstellbar. Hunde sind von Natur aus Schlingfresser! Ihr Verdauungstrakt, angefangen beim Gebiss, ist darauf ausgelegt, so schnell es geht, so viel Futter wie möglich aufzunehmen. Versuche, dies zu ändern, schlagen in der Regel fehl. Auch größere Futterbrocken helfen dort selten.

Und noch ein Funfact über die Fütterung eines jungen Hundes: Da ich diese Frage heute nicht zum ersten Mal bekommen habe, scheint sie Besitzer von jungen Hunden doch öfter zu beschäftigen. »Die Geschwister sind alle deutlich schwerer, muss ich an der Fütterung etwas anpassen?«, habe ich tatsächlich in der letzten Zeit öfter gehört.

Als erstes sei gesagt, dass die finale Größe eines Hundes durch die DNA bestimmt wird, also genetisch festgelegt wird! Daran ändert der Fütterungsstil und auch die Futtermenge, welche ich gebe, überhaupt gar nichts. Auch, wenn ich schon einmal schmunzeln muss über diejenigen, die meinen, etwas mehr »Substanz« dadurch aufbauen zu können ...

Das Gewicht für einen jungen Hund als ok zu bewerten, ist eigentlich ganz simpel. Fasst du deinen Hund an und kannst die Rippen leicht fühlen, ist alles o.k. Siehst du die Rippen schon im Stand, so solltest du die Futtermenge erhöhen, musst du lange bohren, dann darf es die nächsten Tage gerne etwas weniger sein!

Im Vergleich habe ich schon oft die Beobachtung gemacht, dass gebarfte Hunde und auch solche, die mit einem hochwertigen Fertigfutter ernährt werden, welches nicht mit zu viel Getreide günstig vollgemacht wurde oder qualitativ schlechte Proteine enthält, deutlich langsamer wachsen, meist leichter sind als die Geschwister und die extremen Gebäudeunterschiede deutlich seltener vorkommen.

Und weil wir gerade schon dabei sind: Eine Auffälligkeit, die häufiger vorkommt, als man denkt. Sehr oft bekomme ich vor allem von Besitzern junger Hunde und Hunden, die arbeiten, die Situation geschildert, dass der eigene Hund nicht gut zunimmt. Bzw. man sehr große Mengen füttern muss, bis dann endlich mal etwas dranbleibt!

Hier gibt es mehrere Dinge zu bedenken. Zum einen blicke ich natürlich schon einmal aufs Futter. Ein hochwertiges Futter mit sehr guter Verdaulichkeit sollte hier auf jeden Fall die Grundlage sein!

Dann schauen wir auf das Alter des Hundes. Bis zu einem Alter von ca. 18 Monaten geht die meiste Energie in die Bausubstanz des Körpers. Es wird gewachsen, Knochen und sämtliche andere Gewebe brauchen permanent ein bisschen mehr, um zur vollen Größe heranzureifen.

Vor allem im Zeitalter, wenn das Längenwachstum abgeschlossen ist, jedoch so langsam mal ein bisschen mehr Muskulatur an den Hund kommt, geht noch viel der aufgenommenen Energie in den Bau derselben. Nachhaltig auf den Rippen bleibt bei manchen Kandidaten bis ca. 24 Monaten kaum etwas, unabhängig davon, was man füttert.

Ein weiterer Punkt, den es zu beachten gilt, ist auch das Grundgemüt des Hundes. Hunde, die scheinbar nie für etwas Zeit haben, haben in der Regel auch einen Verdauungstrakt, der keine Zeit zum Verdauen hat, um es ganz kurz und grob zu formulieren.

Als Fleischfresser haben Hunde einen relativ kurzen Verdauungstrakt. Die Verdauungsleistung wird von der Menge der von den Anhangsdrüsen gebildeten Enzyme und dem Microbiom des Verdauungstraktes bestimmt. Besteht hier aufgrund mangelnder Anlage, starker Medikamenteneinnahme oder vorangehenden Erkrankungen ein Mangel, kann eine schlechte Verdauungsleistung und damit auch langfristig verminderte Zunahme der Körpersubstanz zusammenhängen.

Bei Hunden, welche schlecht zunehmen, ist es also nicht die einzige Lösung, permanent das Futter zu wechseln, sondern auch einmal genauer bei der Verdauungsleistung ein Auge zu haben und ggf. durch einen angepassten Darmaufbau zu unterstützen!

Na, wie läuft's?

In der fünfzehnten und sechzehnten Lebenswoche des Welpen, und somit kurz vor Ende der Welpenzeit, sollte man die letzten – vermutlich rasant vergangenen – Wochen noch einmal Revue passieren lassen und sich fragen, wie es bisher mit dem Neuzugang eigentlich so lief.

Dies gibt einem die Möglichkeit auch noch innerhalb der sensiblen Phase die Dinge nachzuholen, die man in Punkto Sozialisation und Habituation vielleicht noch nicht geschafft hat oder auch jene zu verbessern, die noch nicht so gut gelaufen sind. Wenn man jetzt beispielsweise noch immer häufig die scharfen Welpenzähnchen zu spüren bekommt, sollte man vielleicht nochmal an der Beißhemmung des Zwerges arbeiten. Vielleicht haben aber auch zu viele Einrichtungsgegenstände gelitten, weil man anfangs dachte, dass man den Welpen auch ohne eine Box einfach alleine lassen könne? Dann sollte man lieber doch noch einmal über die Anschaffung einer Box und die Gewöhnung an eine solche nachdenken.

Das Wichtigste ist, dass man sich – egal was bis jetzt gut oder schlecht gelaufen ist – nicht allzu viele Gedanken macht und nun völlig verzweifelt glaubt, man wäre der erste Welpenbesitzer, dem es so geht. Das ist mitnichten der Fall.

Ganz im Gegenteil: an diesen Punkt kommt fast jeder frischgebackene Welpenbesitzer einmal. Denn es ist egal, ob du zum ersten Mal einen Welpen in dein Haus holst oder ob du schon den fünften Hund dein Eigen nennst. Der absolute Anfänger kann sich noch so gut vorbereitet haben, ist die Welpen-Realität erst einmal eingekehrt, wird er damit konfrontiert, dass auch die beste theoretische Vorbereitung eben nur Theorie ist. Und auch der erfahrene Hundebesitzer hat oft vergessen, wie anstrengend die ersten Monate waren und wie gewisse Dinge anfangs eigentlich so funktioniert haben. Oft stellt der ach so erfahrene Hundehalter erst während des entsprechenden Versuchs fest, dass es nun einmal noch nicht möglich ist, den Welpen per Kommando längere Zeit in der Sitzposition zu halten, wenn man es mal braucht, obwohl das doch mit dem Althund so wunderbar zuverlässig klappt.

Du bist also in bester Gesellschaft, egal zu welcher Kategorie du dich zählst.

Wichtig ist lediglich, dass du dich nicht zu sehr verunsichern lässt, die Dinge verbesserst, die noch nicht so gut laufen und ein bisschen Durchhaltevermögen, Nachsicht und Konsequenz an den Tag legst. Nachsicht deswegen, weil wir oft schon viel zu viel von unseren Welpen erwarten.

Wir sollten uns daher immer darüber im Klaren sein, dass unsere vermeintlich durchdachten Lösungswege für so ein kleines Lebewesen unbedingt in kleinste Schritte zerlegt und dann langsam und verständlich beigebracht werden müssen.

- Ein junger Hund kaut deinen Schuh nicht an, weil er dir zeigen will, wer der Herr im Haus ist – du hast den Schuh offenbar schlichtweg nicht aufgeräumt oder versäumt, deinem Welpen eine Alternative anzubieten.
- Er bekommt auch nicht seinen wohlbekannten »Welpenkoller«, weil er sich bewusst deinen Regeln widersetzen will, sondern vielleicht einfach, weil gerade unbändige Lebensfreude auf zu viele Eindrücke und somit Stress trifft.
- Dein Welpe hätte also schon viel früher eine Pause von dir verordnet bekommen sollen. Er hockt sich auch nicht zum Pinkeln hinter das Sofa, weil er dir demonstrieren will, dass seine Regeln im Haus gelten, sondern weil es draußen schlichtweg zu spannend war und er es vergessen hat, oder weil du nicht rechtzeitig mit ihm draußen warst.

In all diesen Situationen wäre oft etwas mehr Neutralität von Nutzen und die Frage an uns selbst, ob wir nicht einfach etwas hätten anders machen können. Und das Wichtigste in dieser ganz turbulenten Zeit ist und bleibt ohnehin die Geduld – wenn du sie noch nicht hast, dann lernst du sie bestenfalls jetzt.

Nichts hilft dir besser dabei, stets deine Regeln und Grenzen im Alltag mit einem jungen Hund umzusetzen, als Ruhe, Konsequenz und Geduld. Konsequenz hat dabei allerdings nichts, aber auch gar nichts, mit Härte zu tun. Eine klare Linie zu haben und diese auch umzusetzen, ist der Schlüssel zu einem nachhaltigen Ergebnis, braucht aber keinerlei übermäßige Härte. Bist du jedoch nicht bereit, dafür immer wieder deine Energie einzusetzen, dann muss ich dir leider jetzt schon sagen: beschwere dich hinterher nicht!

Der Umbruch mit der 16. Woche

Nachdem die ersten Wochen wir im Flug vergangen sind, stellt man irgendwann ganz plötzlich fest, dass aus dem knuffigen Wollknäuel, das voll und ganz dem Kindchenschema entsprach, ein etwas langbeiniger, wie ein Fohlen wirkender, Junghund geworden ist. In den ersten Junghundestunden sowie auf Ausflügen trifft man zunehmend mehr andere, unbekannte Hunde, mit denen der eigene Hund sein Sozialverhalten trainieren kann. Nicht selten hört man bei solchen Begegnungen Ausrufe wie »Die spielen so schön!« oder auch »Der will doch nur spielen!« Und je nachdem, wie die Begegnung gerade aussieht, kommt dabei schnell einmal die Frage auf, was überhaupt ein Spielverhalten bei Hunden ist und was dieses kennzeichnet.

Zunächst sei festgehalten, dass Spiel unter Hunden ganz unterschiedliche Aufgaben erfüllt. Es wird über alle Altersklassen hinweg gezeigt, bevorzugt jedoch von Hunden im Welpen- und Junghundalter. Gerade im Junghundalter ist es wichtig für die Entwicklung – sowohl auf

körperlicher als auch auf mentaler Ebene – das reale, spätere Leben erst einmal im Spiel zu erproben. Denn im Spiel werden alle Verhaltensweisen geübt und verfeinert, welche im Leben eines Hundes irgendwann einmal eine entscheidende Rolle spielen werden.

Hier werden Handlungen aus dem Beutefang-, dem Sozial- und auch dem Sexualverhalten gezeigt. Dabei ist Spiel jedoch frei von Ernsthaftigkeit und sogenannten »Endhandlungen«. Soll heißen: jeder Spielpartner kann das Spiel jederzeit unterbrechen, es wird nichts wirklich ernsthaft »geklärt«, also beispielsweise wird im Spiel nicht, wie wir immer meinen, eine Rangordnung festgelegt, und am Ende einer Verhaltensweise fehlt die typische Endhandlung. Beim Einüben des Beutefangverhaltens wird also der Spielpartner am Ende nicht gebissen oder gar tot geschüttelt.

Spielen – nicht nur reiner Zeitvertreib!

Spiel ist gekennzeichnet von entspannter Atmosphäre, Freiwilligkeit und Lustbetontheit. Es dient einzig und allein der Vorbereitung auf das wahre Leben und zwischen sehr vertrauten Individuen auch der Stärkung des Zusammengehörigkeitsgefühls. Neben diesem Zweck auf der Verhaltensebene darf man bei jungen Hunden aber auch nicht die positive Wirkung von Spiel auf die gesunde Ausbildung des Körpers vergessen. Denn die verschiedenen Bewegungsabläufe, welche hier stetig ablaufen, schulen die Körperwahrnehmung und dienen auch der Kräftigung der Muskulatur. Die Funktionsfähigkeit des Bewegungsapparates wird geschult, die Motorik laufend verbessert.

Dass hündisches Spiel all diese positiven Eigenschaften hat, soll jetzt aber bitte nicht bedeuten, dass ein junger Hund täglich jede Gelegenheit nutzen darf, um mit jedem Hund zu spielen, der ihm begegnet. Bloß nicht! Schließlich kann zu viel unkontrolliertes Spiel in diesem jungen Alter auch dem Bewegungsapparat, vor allem den Gelenken, schaden, weshalb es auch hier gilt, immer das rechte Maß zu finden.

Zudem könnte ein junger Hund auf diese Weise durchaus das Gefühl gewinnen, dass das Beste in seinem Leben das Spiel mit anderen Hunden ist. Solche Hunde können später bisweilen an keinem Artgenossen mehr entspannt mit ihrem Menschen vorbeigehen. Darüber hinaus gilt es immer situativ zu entscheiden, welche Spielpartner überhaupt gut zueinander passen und zu erkennen, wann es sich überhaupt um richtiges Spiel handelt und wann nicht. Denn echtes Spiel unter Hunden ist durch einige Regeln sowie bestimmte körpersprachliche Merkmale gekennzeichnet.

Und genau diesen Regeln und Merkmalen möchte ich mich an dieser Stelle widmen. Denn schnell stellt sich die Frage: woran erkennen wir Hundehalter denn nun, ob es sich bei der Interaktion unserer Hunde noch um echtes Spiel handelt? Zunächst einmal ist es wichtig, zu wissen, dass Hunde im Spiel immer wieder Verhaltensweisen aus den für sie im späteren Leben bedeutsamen Bereichen ausprobieren und üben. So zeigen sich im hündischen Spiel oft in schneller Abfolge Elemente der Jagd, des Sexualverhaltens oder auch des Kampfes.

Dabei folgt das Spiel unter Hunden aber immer einigen bestimmten Regeln, deren Einhaltung wir beispielsweise beobachten, ggf. auch anleiten können. Spiel ist dadurch gekennzeichnet, dass es nur in entspannter Atmosphäre auftritt, allerseits freiwillig ist und daher auch jederzeit von jedem Beteiligten beendet werden kann. Zudem fehlen im Spiel die jeweiligen End-Handlungen bestimmter Verhaltensweisen und es ist typischerweise ein immerwährender Rollenwechsel erkennbar.

Diese Regeln bedeuten für uns Menschen ganz konkret Folgendes: beginnen zwei Hunde in einer angespannten und stressigen Situation zu kommunizieren, dann handelt es sich nicht um richtiges Spiel, da Regel Nummer eins verletzt wäre. Vielleicht ist das Spiel also hier nur eine Übersprungshandlung? Auch wenn ein Hund immer nur der »Gejagte« ist und aus dem »Spiel« nicht mehr herauskommt, dann sehen wir kein schönes Spiel mehr und dürfen auch

getrost einmal einschreiten und das Spiel beenden oder zumindest vorübergehend pausieren lassen. Dass es keine End-Handlungen gibt, bedeutet, dass wir im Spiel niemals echtes Jagen mit Tötungsabsicht oder wirkliches Sexualverhalten – inklusive Deckakt – sehen werden. Die entsprechenden Handlungssequenzen brechen im Spiel nämlich bereits viel früher ab.

Zu den genannten Regeln gesellt sich noch eine nur für Spiel typische körpersprachliche Komponente, die uns ebenfalls dabei helfen kann, Spiel von anderen Verhaltensweisen zu unterscheiden. So werden im Spiel immer wieder völlig übertriebene Verhaltensweisen und Gesten gezeigt, welche dem Gegenüber auch in wildem Spiel signalisieren »alles nur Spaß«. Besonders gut zu erkennen ist dies häufig im Gesichtsbereich – die Mimik der Spielpartner ist häufig sehr überzogen. Ein weiteres, sehr typisches körpersprachliches Signal ist die sogenannte Vorderkörper-Tiefstellung, welche zum Spiel auffordern und dieses zwischendurch auch wieder neu befeuern soll. Häufig sieht man sie unter Hunden bereits ganz zu Beginn als Einladung zum Spiel.

Kennen und beachten wir als Menschen diese Regeln und Kommunikationsmerkmale hündischen Spiels gut, dann können wir also schon ganz gut erkennen, ob es sich überhaupt um Spiel handeln kann oder nicht und dies wiederum ermöglicht uns natürlich auch, das Spiel zwischen Hunden besser zu steuern.

Wichtig ist es hierbei, eine gute Balance zwischen »spielen lassen« und »eingreifen« zu finden. Zum einen dürfen und sollen verschiedene Verhaltensweisen im Spiel erprobt werden und dabei müssen auch einmal die eigenen Grenzen getestet werden.

Krisensicherheit durch Übung im Spiel

Daher sollte auch ein eher vorsichtiger Hund einmal die Chance bekommen, einen Konflikt im Spiel selbstständig zu lösen, da dies Selbstbewusstsein und Sicherheit in ähnlichen Situationen schafft. Und auch ein Raufbold sollte hin und wieder eine zweite Chance kriegen, um sein Verhalten anzupassen. Doch wenn ein Hund ständig unterlegen ist, der andere immer der »Grobian«, dann ist das Spiel nicht sinnvoll und sollte auch vom Menschen unterbrochen werden.

Ein Spiel im Sinne des eigenen Hundes mit zu beeinflussen, hat zudem den Vorteil, dass unser Hund sieht, dass wir uns auskennen und er im Zweifel auf uns zählen kann, was uns wiederum zu einem noch wertvolleren Sozialpartner macht. Aus dem gleichen Grund sollten insbesondere Welpen- und Junghundegruppen nur von sehr erfahrenen Hundetrainern angeleitet werden, da hier Verantwortung für Erfahrungen übernommen wird, die das gesamte Hundeleben beeinflussen können. »Die machen das unter sich aus«, sollte man hier niemals hören.

Ebenso, wie sich die Prioritäten eines heranwachsenden Hundes verschieben, wie verändert er seine Umwelt wahrnimmt und welche Rolle sie für ihn spielt, verändern sich auch die Rolle des Spiels und die Art und Weise, wie gespielt wird im Verlaufe eines Hundelebens. Welpen spielen, um das Leben kennenzulernen, die soziale Gruppe zu entdecken und hierbei alle vielleicht einmal wichtigen Verhaltensweisen auszuprobieren und zu verfeinern. Sie gehen auf nahezu jede Spielaufforderung ein, solange sie nicht völlig übermüdet und gestresst sind oder in einer unsicheren Umgebung aufwachsen müssen. Im Verlaufe der Pubertät verlagern sich natürlich die Interessen eines Junghundes ein wenig, wodurch auch sein Spielverhalten beeinflusst wird. Generell sinkt die Bereitschaft zu spielen mit zunehmendem Alter natürlich immer weiter, wobei dies rasse- und charakterabhängig unterschiedlich schnell der Fall ist.

Außerdem geht es im Spiel nicht mehr nur darum, eine soziale Gruppe kennenzulernen, denn das hat man jetzt normalerweise schon erreicht. Stattdessen werden im Spiel nun doch schon einmal die Grenzen ausgetestet, geschaut, ob man für ein bestimmtes Verhalten Pluspunkte sammeln und seinen erreichten Status festigen oder gar einen neuen erreichen kann. Dies kann nämlich im Kontext »Spiel« getestet werden, ohne dass ernsthaft etwas riskiert würde.

Zum Abschluss des Themas Spiel unter Hunden sei mir noch ein kurzer Hinweis darauf gestattet, wie wertvoll Spiel für die Entwicklung deines jungen Hundes ist. »Spiel ist das wichtigste Werkzeug der Evolution für die Entwicklung des sozialen Gehirns.« (Panksepp 2007) Ein Hund benötigt spielerische Erfahrungen verschiedenster Art, um langfristig sein Sozialverhalten zu entwickeln und zu festigen. All die genannten Regeln und Funktionen von Spiel gelten übrigens nicht nur für das innerartliche Spiel, also das Spiel zwischen zwei oder mehreren Hunden, sondern selbstverständlich auch für das sogenannte zwischenartliche Spiel.

Als solches bezeichnet man das Spiel zweier Lebewesen, die nicht der gleichen Art angehören, also beispielsweise jenes zwischen Mensch und Hund. Wer mit seinem Vierbeiner also gerne einmal »hündisch« spielen möchte, der sollte sich auch einer entsprechenden, spielerischen Körpersprache bedienen, die Regeln von Spiel beachten und sich das richtige Spiel am besten bei den Hunden selbst abschauen.

Spielt der Mensch mit seinem Hund, so hat dies sogar noch einen weiteren positiven Effekt: es stärkt ungemein die Bindung des Hundes an seinen Menschen. Das intensive Spielen mit dem menschlichen Sozialpartner lässt nämlich unheimlich viel Raum, sich gegenseitig besser kennenzulernen, und führt dazu, dass der Junghund eine positive Erwartungshaltung an seinen Menschen beibehält. Gerade wenn »das Pubertier« sich und seine Umwelt dann neu entdeckt und plötzlich ganz andere Prioritäten setzt, dann kann dies sehr hilfreich sein, weil es seinen Menschen auf diese Weise nicht so schnell »vergisst«, da dieser ja auch etwas zu bieten hat.

Dabei braucht man sich auch keinerlei Sorgen machen, dass der Hund auf einmal die Weltherrschaft übernimmt, nur, weil er ein Spiel auch einmal gewinnen darf. Zum einen wäre ohne ein solches »Gewinnen lassen« ja kein für Spiele so typischer Rollenwechsel gewährleistet und zum anderen wurde ja an anderer Stelle bereits erläutert, dass im Spiel nicht die Rangordnung ausgehandelt wird. Und last but not least ist Spiel nicht nur wichtig für deinen Hund! Auch für die Entwicklung der menschlichen Sozialkompetenz schadet das Spiel nicht.

Niemals werde ich die Signierung des Buches »Wolfsküsse« der bewundernswerten Autorin Elli Radinger vergessen, die da besagt:

Wolfsregeln:

1. Sei ein Wolf.
2. Sei ein Wolf
3. Sei ein Wolf
4. Hör niemals auf zu spielen!

Wenn das Piranha-Gebiss plötzlich verschwindet …

Ein Ratschlag, den man sich in der heutigen Zeit kaum noch zu geben traut, der aber dennoch so manches Mal seine Berechtigung hat, ist der, nicht allem direkt und mit Training entgegengehen zu wollen, sondern manches Mal einfach ein wenig abzuwarten. Denn einige wenige Themen, die man zu Beginn mit seinem Welpen hat, erledigen sich fast von alleine.

So verhält es sich zum Beispiel mit dem Anknabbern sämtlicher Gegenstände und Klamotten sowie dem nicht immer so angenehmen »Tackern« der Hände im Spiel. Dies lässt nämlich merklich nach, wenn der Zahnwechsel endlich durch ist.

Wie bei einem Baby auch, ist der Drang, zu beißen und zu kauen, insbesondere im Zahnwechsel, einfach besonders groß und fällt danach von ganz alleine deutlich ab. Besser als immer einschreiten zu müssen, ist es also in dieser Zeit, wichtige Dinge einfach konsequent beiseite zu räumen und dem Welpen stattdessen einfach sehr viel »ungefährliche Kau-Utensilien« zur Verfügung zu stellen.

Viele Welpen-Eltern lassen dem Jungspund sonst nämlich viel zu viel Aufmerksamkeit dafür zukommen, dass dieser alles zerbeißt, was ihm in die Quere kommt, was dessen Verhalten im Zweifel noch verstärkt.

Während des Zahnwechsels kann ein Welpe, ähnlich einem kleinen Kind, etwas kränklich sein. Leichte Infekte oder auch Magen-Darm-Verstimmungen sind nicht selten in dieser Zeit. Mit dem Beutespiel solltest du während dieser Zeit sehr vorsichtig sein, da natürlich der Maul- und Kieferbereich empfindlicher sein kann.

Oft kann dadurch Beute nur schlecht getragen werden, falls sie überhaupt aufgenommen wird. Bevor man seinem Hund also in dieser Zeit das Beutespiel oder bestimmte, später vielleicht wichtige Utensilien, wie zum Beispiel ein Dummy, »verleidet«, sollte man auf Beutespiele während des Zahnwechsels weitestgehend verzichten oder zumindest auf weicheres und angenehmer zu tragendes Spielzeug ausweichen.

Das Milchgebiss deines Hundes hat übrigens 28 kleine, ziemlich spitze Zähne. Erst mit der dritten Lebenswoche treten diese durch den Kiefer. Um die sechzehnte Lebenswoche beginnt dann dein junger Hund bereits mit dem Zahnwechsel. Die Reihenfolge ist hierbei klar vorgegeben. Der Wechsel der Zähne beginnt an den Schneidezähnen im Ober- und Unterkiefer. Es folgen die Fangzähne, bevor schließlich auch die vorderen Backenzähne ausfallen. Manche der vorderen sowie die hinteren Backenzähne sind beim Welpengebiss im Übrigen noch gar nicht vorhanden, wodurch das adulte Gebiss weit mehr Zähne umfasst.

Abgeschlossen ist der Zahnwechsel mit ungefähr neun Monaten, wenn auch die hinteren Backenzähne durchgetreten sind, die im Milchgebiss noch nicht angelegt waren. Das fertige, adulte Gebiss hat dann im Idealfall 42 Zähne. Bei manchen Hunden fehlen jedoch einzelne Zähne – insbesondere bestimmte Prämolaren – während andere wiederum einzelne Zähne doppelt haben können. Bei wenigen Hunden bleiben einige Milchzähne trotz des Durchbruchs der bleibenden Zähne stehen. Sind diese bis zum neunten Monat nicht ausgefallen, so muss der Tierarzt durch Ziehen des Milchzahnes Abhilfe schaffen, damit der bleibende Zahn nicht schief wächst. Zeitgleich zum Zahnwechsel bahnt sich auch der Umbruch von der Welpen- zur Junghundphase an.

Das Außen wird spannend

War der junge Hund bis dato noch sehr stark an seinem Menschen orientiert, so darf es einen nicht wundern, wenn dies um den 6-ten Lebensmonat herum langsam etwas abnimmt. Der Bewegungsradius wird auf einmal größer, da die Außenwelt als spannender wahrgenommen wird.

Nicht nur auf optische Reize hin reagieren junge Hunde dann häufig viel stärker als bisher, auch die gute Nase erwacht auf einmal und der Jungspund entdeckt nicht selten sein Interesse für Wildtiere oder das andere Geschlecht.

Eine solche Entwicklung – etwas weiter weg vom bekannten Sozialpartner Mensch hin zu neuen interessanten Sozialpartnern oder anderen neu entdeckten Umweltreizen – ist also erst einmal völlig normal und noch kein Grund, sich Horrorszenarien auszumalen, dass der Hund nun alle und alles andere wichtiger findet und die gute Bindung für immer dahin ist.

Es ist einfach nur die Zeit gekommen, weiter intensiv dran zu bleiben – dran zu bleiben an der Er- und Beziehungsarbeit! Denn auch, wenn dieser Umbruch den Beginn der Pubertät ankündigt, so ist dies keine Ausrede dafür, dass bestimmte Dinge nicht mehr so funktionieren wie früher. Im Gegenteil: jetzt heißt es erst recht weiter mit dem Hund zu arbeiten, um möglichst gut durch diese komplizierte Zeit hindurch zu kommen.

Aber zurück zu dem Thema »Reize«: Für Hunde in diesem jungen Alter, ist es unheimlich wichtig, ihr Referenzsystem diesbezüglich für spätere Situationen weiter auszubauen. Das bedeutet, dass sie in diesem Alter erneut besonders vielfältige Erfahrungen sammeln können sollten, mit denen sie spätere Erlebnisse dann abgleichen und auf ihre Gefährlichkeit und Lösbarkeit hin prüfen können. Dabei ist – genau wie beim Welpen – wieder wichtig, dass junge Hunde diese Reize stets in ihrem Tempo und persönlichkeitsabhängig meistern können.

Das mit dem Beute- und Erziehungsspiel

Trainingsprinzip allgemein – oder wie wir keine Baustellen aufkommen lassen?! Vielleicht weißt du mittlerweile, dass meine absolute Passion mit den Hunden die Dummyarbeit ist.

Wenn so ein Hund neu in unser Leben kommt, also wir einen Welpen bei uns haben, dann geht für mich auch relativ früh das Training los. Das Training beinhaltet selbstverständlich insbesondere zu Beginn keine langen Trainingszeiten oder keine intensiven, vielzähligen Übungen. Sondern kleine Schritte, wohl aufeinander abgestimmt und überdacht durchgeführt. So, dass es den Welpen nicht über, jedoch auch nicht unterfordert.

Häufig kommen zu mir Hunde ins Training, die schon etwas älter sind. Welche an dieser oder an jener Stelle noch die eine oder andere Problematik haben. Viele dieser Problematiken beruhen immer wieder auf den gleichen Prinzipien. Denn fassen wir noch einmal zusammen, wie sich das Lernverhalten ganz simpel verstehen lässt, dann ist es für jeden Laien super leicht verständlich, dass Verhalten allgemein, welches wir bestätigen oder welches sich durch außen oder sich selbst bestätigt, häufiger gezeigt wird. Verhalten, welches wir ignorieren oder welches keinen Erfolg bringt und somit auch keinen Sinn macht, wird weniger gezeigt.

Selbstverständlich gibt es auch hier wieder Faktoren, die von außen bestätigend sein können, die wir selbst manches Mal gar nicht auf dem Schirm haben. Auch Verhaltensweisen, die dem Hund Freude machen, können eine Bestätigung für ihn selbst sein, ohne dass wir etwas bewusst hinzugetan haben.

Nach diesem Wissen handele ich persönlich auch in der Ausbildung bei der Dummyarbeit. Ich versuche als Erstes, herauszufinden, was diesen einen Hund bestätigt. Also, was der Hund, mit dem wir arbeiten, als Bestätigung empfindet. Gott sei Dank sind viele Retriever, mit denen ich ja nun oft zu tun habe, auf der einen Seite futtermotiviert, auf der anderen Seite sind sie aber auch sehr menschenbezogen und sehr an der Kommunikation und sozialer Interaktion mit uns interessiert.

So können wir spielerische Elemente und Interaktionen mit dem Hund ebenfalls als tolle Bestätigung nutzen. Mein Vorgehen ist immer so, dass ich versuche, den Hund über seine Neugierde, über das Locken mit Futter oder über andere Möglichkeiten zu einem Verhalten zu bewegen, welches ich gerne sehen möchte. Dies mache ich so oft, dass ich wiederholt ein Verhalten sehe, welches ich wünschenswert finde und es bestätige.

Wenn wir so weit sind, dass dieses Verhalten immer wieder zuverlässig gezeigt wird, so können wir diesem Verhalten einen Namen geben. Einen Namen? Richtig Namen, denn Signale, die wir für unsere Hunde nutzen wollen (Fuß, Sitz, etc.) sind für mich ganz simpel benannte Handlungen. Du startest damit, einfach das gewünschte Signal immer minimal vor der gleich stattfindenden Handlung zu sagen. Bei der Fußarbeit etwa, kurz bevor der Hund in der Grundposition ankommt, sagst du ein freundliches »Fuß.«

Hierfür ist natürlich ganz wichtig, dass du weißt, wohin du möchtest. Also welchen Sinn und welches Ziel hast du irgendwann am Ende dieser Ausbildung oder dieses Ausbildungsschrittes. Denn du solltest eine Idee haben, welche Steps in die richtige Richtung zu diesem Ziel führen. Auch wenn du zu Beginn dafür mit ganz kleinen Bausteinen anfängst, ist es natürlich wichtig, sich über die wichtigen Kriterien für das zukünftige Signal im Klaren zu sein.

Nehmen wir das praktische Beispiel des **Bringens**.

Ich nehme mir mit meinem neuen Welpen vor, dass mein Welpe von klein auf lernt, dass das Bringen und das Teilen von Beute mir unheimlich viel Freude macht. Nun habe ich jedoch einen neu eingezogenen Welpen, der sich aber, wenn er Beute hat und er sich damit frei bewegen darf, erstmal die Beute schnappt und sie sichern geht, was nicht selten der Fall ist. Das passiert gar nicht selten und kommt für mich, was das Apportieren anbelangt, direkt auf Platz 1 der Hitliste der häufigsten hausgemachten Schwierigkeiten im Apportierhundeleben.

Denn wenn wir einen solchen Beutesicherer haben, machen wir unbewusst Dinge, die aus unserer Sicht den Hund dazu bewegen sollen, zu uns zu kommen. Wir machen uns interessant. Sehr oft wird ja auch geraten: Mache dich super interessant, wenn dein Hund nicht damit zu dir kommen will.

Ganz ehrlich: was machen wir genau, wenn wir uns super interessant machen? Wir nutzen unsere hohe Stimme, wir klatschen in die Hände, wir sprechen mit quietschenden, irgendwelchen komischen Lauten. Wir holen ein weiteres Spielzeug heraus oder gar Futter oder, oder, oder. Der Fantasie sind ja keine Grenzen gesetzt.

Erinnern wir uns noch einmal ganz kurz an den Anfang dieses Exkurses. Welches Verhalten wird noch einmal häufiger gezeigt? Genau, das Verhalten, welches bestätigt wird.

Wenn du jetzt in bester Absicht hingehst und versuchst, deinen Hund zu dir zu locken, und machst das, was häufig geraten wird: Mache dich interessant: Dann sind wir immer bei dem Punkt, dass wir mit unseren Aufwendungen, die wir betreiben, ein sehr angenehmes Umfeld für den Hund schaffen. Wir bestätigen, was gerade passiert, weil unsere nette Stimme für den Hund einfach heißt: »Es ist schön, Hundi, was du just in dem Moment machst.« Wiederholen wir das oft genug, fixieren wir damit das Verhalten, welches der Hund gerade zeigt. Welches Verhalten zeigt er gerade? Genau: Mit der Beute unterwegs sein und diese Beute sichern und ganz banal damit vor uns weglaufen.

Herzlichen Glückwunsch, schon hast du dir deine erste Baustelle selber gebaut. Sicherlich ist es etwas, was schnell auch wieder revidiert ist. Aber es wäre überhaupt nicht nötig, wenn du den Hund daran hindern würdest, »falsches« Verhalten überhaupt erst zu zeigen. Das heißt, wenn ich meinem Hund das erste Mal Beute gebe, ist dieser Hund immer gesichert. An einer Leine. Oder ich bin in einem Raum, der überschaubar ist, beispielsweise einem Wohnzimmer, einem Flur oder wo drumherum eine starke Begrenzung ist, sodass der Hund nicht machen kann, was er möchte. So lasse ich keinen Raum für ein Verhalten, welches meinem Ziel nicht dienlich ist.

Habe ich die Tendenz bei meinem Hund, dass er mit der Beute, wenn wir spielen und ich sie ihm überlasse, weggehen will, um sie für sich zu behalten, um sie zu benagen oder eben auch zu sichern, so ist mein Hund zu Beginn eines solchen Trainings immer angeleint. Damit bekomme ich ganz einfach die Möglichkeit, ihn zu mir zu holen, ohne großes verbales Agieren, sollte der Fall wieder eintreten.

Erst, wenn er bei mir ist, erst, wenn er wieder in meiner Nähe ist, ich ihn vielleicht ruhig zu mir nehmen, ihn streicheln, ihm auch signalisieren kann, dass ich die Beute gar nicht sofort haben will, ihm somit zu demonstrieren, dass das Teilen auch eine tolle Geschichte ist, dann lobe ich meinen Hund und nehmen auch wieder meine freundlich motivierende Stimme hinzu!

Das Schlimmste, was man in dem Moment tun kann, ist, die Beute sofort aus dem Fang zu reißen, wenn der Hund mit der Beute in meine Richtung kommt. Was ich dir mit diesem kleinen Exkurs nur sagen möchte: Sei dir immer dessen bewusst, was dein Hund jetzt gerade tut und was deine Reaktion dazu beiträgt, dieses Verhalten zu verstärken oder zu vermindern. Denn nicht nur auf das Apportieren bezogen machen wir ganz häufig solche Dinge. Also, dass wir versuchen, den Hund mit Locken von etwas abzuhalten, und das Locken mit unserer netten, freundlichen Stimme, im Grunde eigentlich eher das Gegenteil verursacht. Nämlich, dass der Hund in dem Moment verspürt, dass es angenehm und in Ordnung ist.

Ein weiteres, klassisches Beispiel dafür: wenn der Hund eigentlich bei dir bei Fuß gehen soll und immer die Nase auf dem Boden hat, versuchen ganz viele Menschen über Stimme und Gestik den Hund aufmerksam zu machen. Wie oft kommt auch der Ratschlag von Trainern: »Mache dich interessant und mache was Nettes. Mache was Tolles, der Hund soll mal schauen und mache doch mal dies da und quietsche hier.«

Doch was signalisieren wir dem Hund mit der hellen Stimme, der netten, freundlichen Ansprache? Es ist in Ordnung, zumindest aus der Perspektive des Hundes, wenn die Nase auf dem Boden ist und vielleicht ausgerechnet die super tollen Kaninchenköddel sucht. Denn unsere nette, freundliche Stimme ist für ihn meistens, wenige Ausnahmen bestätigen die Regel, einfach nur eine Belohnung. Was erreichen wir damit?

Dass er die Nase auf den Boden nimmt, ich dann freundlich nett mit ihm und quietschiger Stimme rede, der Hund sich dann unter Umständen auf diese nette Stimme hin, wieder in meine Richtung orientiert. Und zwar weil er dafür vielleicht noch einen Keks bekommt und im Anschluss natürlich die Nase wieder unten auf dem Boden ist und schnuppert, um wieder die nette, quietschige Stimme auszulösen ...

Dies wird schnell zu einer Endlosschleife, die oft selbst erfunden ist. Schaue immer genau hin und stelle dir die Fragen:

- Wie sehen meine Bestätigungen aus?
- Auf welche Bestätigungen reagiert mein Hund überhaupt? (Das ist natürlich unterschiedlich) Wann bestätige ich?
- Wann nicht, wo ignoriere ich das Verhalten vielleicht sogar?
- Wo muss ich Managementmaßnahmen betreiben, dass mein Hund Verhalten, das ich nicht wünsche, gar nicht erst zeigt?

Die sind für mich ganz wesentliche Punkte und ich glaube, wenn du diese verinnerlicht hast, werden ganz viele Verhaltensweisen, die du dir nicht wünschst, gar nicht erst entstehen, weil du ein genaues Auge darauf hast und es nicht zulässt, dass dein Hund dich konditioniert.

Denn du wirst dir auch immer häufiger die Frage stellen:

- Macht diese Art und Weise, wie ich jetzt gerade mit der Situation umgehe, dem Hund das Verhalten angenehm? Kannst du das mit »Ja« beantworten: ist dies ein Verhalten, welches ich häufiger sehen möchte? Denn Verhalten, was angenehme Reaktionen von mir bekommt, wird häufiger gezeigt.
- Oder handelt es sich um ein Verhalten, das du nicht wünschst? Ignorierst du es oder wendest du Maßnahmen an, um das Verhalten zu vermeiden?

- Oder bist du schon einen Tick früher aufmerksam und kannst einschätzen, wann unerwünschtes Verhalten eintritt und agierst aus dir heraus schon kurz davor?

Oft übersehen wir Momente, in denen eine Handlung des Hundes noch gut läuft, verpassen Chancen, gutes Verhalten zu bestätigen oder denken, dass er das ja jetzt sowieso schon so toll kann, und lassen große Lücken mit unserem Lob. Manchmal steht dahinter einfach guter Glaube, manchmal auch der große Wunsch danach, etwas zu beweisen, was schnell nach hinten losgeht, wenn wir mit Lebewesen agieren. Bestätige ich einfach früher, kann ich länger Momente sehen, in denen Verhalten gezeigt wird, welches ich beibehalten möchte.

Es geht gar nicht darum, dass wir in der Hundeerziehung und Ausbildung eine Schritt-für-Schritt-Anleitung für jede Situation und für jedes kleinste Verhalten bekommen, sondern Training erfolgt immer nach den gleichen Prinzipien. Verstehst du diese Prinzipien für dich, lernst Hundesprache, also du weißt, was einen Hund motiviert und was nicht. Später kannst du in jeder Situation, die dir begegnet, immer wieder die Entscheidung treffen, ob die Reaktion auf das Hundeverhalten dazu führt, dass das Verhalten weniger oder mehr im Repertoire des Hundes verankert wird. Daraufhin kannst du dir dann überlegen, ob du es mehr oder weniger sehen möchtest. Und entsprechend deine Verhaltensweisen und Reaktionen hierzu anpassen kannst.

Kapitel 5

ZWISCHEN LERNEN UND ERWACHSEN WERDEN

Das Junghundealter

So langsam, im Junghundalter angekommen, wird schnell klar, dass dieses süße kleine knubbelige Welpenteil der Vergangenheit angehört und je nach Charakter des Vierbeiners mehr oder weniger dramatische Verhaltensänderungen stattfinden.

Als erstes fällt auf, dass die Außenwelt immer interessanter wird, wodurch sich unweigerlich der Radius des Junghundes erweitert. Und das nicht, weil Hundebesitzer Müller von Gegenüber einfach die besseren Supersnacks in der Tasche hat (könnte manchmal aber auch ein Grund sein), sondern weil sich ein Hund in diesem Zeitfenster nun einmal langsam in eine neue Entwicklungsphase begibt.

Glücklicherweise hat es die Natur schließlich so eingerichtet, dass jedes Individuum durch Umbauprozesse im Gehirn und damit verbundene Reifeprozesse nach und nach zu einem erwachsenen, zunehmend eigenständigen Wesen heranwächst. Dazu gehört aber eben auch, dass jeder (Hund) seine eigenen Erfahrungen macht und nicht mehr ständig am Rockzipfel von »Hundemama« und »Hundepapa« hängt. Wir klammern an dieser Stelle übrigens einmal jene armen Wesen aus, die durch eine Frühkastration gänzlich an diesem Prozess gehindert werden!

Damit unsere Erziehung jetzt nicht aus dem Ruder läuft und wir uns nicht laufend bei unseren Mitmenschen für das Betragen unseres Hundes entschuldigen müssen, macht es schon Sinn, dass ein Hund ganz einfach Grenzen kennenlernt. Und diese Grenzen sollte ein Hund bitte nicht erst ab jetzt, sondern bestenfalls von Anfang an, gesetzt bekommen.

Die Zeit der Pubertät ist ein Zeitfenster, welches bekanntermaßen von einigen Aufs und Abs gekennzeichnet ist.
Für die verschiedensten Rassen gibt es aber Prüfungen, welche nur in einem bestimmten Lebensalter abzulegen sind.
Manches Mal treffen diese daher auch leider genau das Zeitfenster, wo paradoxe Verhaltensweisen zu Tage treten.
Nun hatte ich da diesen jungen Drahthaar. Zugegeben, so einige Ecken und Kanten waren bis dahin schon aufgefallen. Dass ich also völlig aus allen Wolken gefallen wäre, als ES passierte, wäre tatsächlich gelogen.
Auf dem Stundeplan stand natürlich im ersten Frühjahr die VJP, die Anlagenprüfung für junge Vorstehhunde.
Anlagen haben vordergründig nichts mit Training zu tun, der Hund muss jedoch während der Prüfung anwesend sein, um diese auch zeigen zu können.
Wir hatten uns in unserer Vorbereitung recht gut gefühlt, ich jedenfalls. Wir waren beim Züchter nochmals zur Generalprobe für die Quersuche gewesen, wo sie sich von ihrer besten Seite zeigte. Sie war zwar immer mit viel Tempo, dabei aber brav, in angemessener Distanz und Kontakt haltend, unterwegs.
Als der Tag der Prüfung kam, war der Umstand, 14-jährig unter lauter Richtern und Prüfungsteilnehmern fern meines Alters zu sein, sicher etwas ungewöhnlich, störte mich aber nicht. Frohen Mutes und mit etwas Aufregung ging es ab ins Feld.
Zugegeben, ich habe keine Erinnerung mehr, mit wem ich in einer Gruppe war, auch nicht zu der genauen Abfolge. Ich weiß nur noch eines – sie war weg, einfach weg. Sobald die Leine abgemacht wurde, weil sie mit Arbeiten dran war, flog sie raumgreifend und fern jeglicher Beurteilungsmöglichkeit übers Feld. Pfeife? Hör ich nicht und wenn, juckt es mich nicht! Halt? Noch nie gehört! Ich weiß nicht mehr, wie oft ich versucht habe, sie etwas kurz zu halten, sie wirklich auch angebrüllt habe – aus jeder Retrieverprüfung wäre ich jedenfalls prompt mit »Noisie Handling« rausgeflogen. Es hat sie Null-Komma-Null interessiert.
An dieser Stelle war es dann doch ein bisschen Glück, so jung zu sein. Ich glaube, diese Prüfung

haben wir mit der schlechtesten Punktzahl ever für eine VJP abgeschlossen, da die Richter doch immer wieder versuchten, das wenige vorhandene Bewertbare irgendwie zu nutzen. Immerhin hatte sie bei der Hasenspur volle Punktzahl, hatte sie diese auch mehrfach sehr weiträumig und eigenständig verfolgt. Irgendwo hatte sie auch vorgestanden. Der Gebrauch/ Einsatz der Nase war klar und deutlich sehr intensiv vorhanden, wenn auch nur zu ihrem eigenen Nutzen.
An diesem Prüfungstag habe ich sicher mehr als nur eine Träne vergossen. Ich bin gar nicht mehr sicher, ob es Wut, Scham, Verzweiflung, oder was auch immer war. Aber – wir haben bis zum Ende durchgehalten und bestanden, immerhin!

Dabei hat »Grenzen setzen« im Übrigen – und an dieser Stelle möge der Leser mich bitte richtig verstehen – rein gar nichts mit Härte oder unfairem Verhalten zu tun. Für mich bedeutet es eher das Gegenteil, da Grenzen dazu dienen, deinem jungen Hund einen Rahmen zu geben, in dem er sich frei bewegen kann. Sie gewähren sozusagen mehr Freiheit, als dass sie diese nehmen. Kennt ein Hund seine Grenzen, so darf er im Rahmen dieser viel Freilauf, Umgang mit Artgenossen sowie Raum für ganz normales, hündisches Verhalten genießen. Zudem schützen sie einen Hund bestenfalls auch vor schlechten Erfahrungen.

Gut gemeinte und umgesetzte Grenzen ersparen Hunden zum Beispiel oft einen lebenslangen Leinenzwang. Natürlich gibt es – wie immer im Leben – auch hier einige wenige Ausnahmen, in denen es sinnvoll ist, einen Hund dauerhaft an der Leine zu führen. Aber die meisten Hunde können sehr oft in den Freilauf entlassen werden, da Erziehung und klare Grenzen oft schlicht vor einfachem Ungehorsam schützen, der Unschön für Andere oder den

eigenen Hund enden könnte. Dennoch fällt es uns Menschen oft schwer, klar und konsequent zu bleiben. Dabei braucht es gerade bei jungen Hunden nicht viel mehr, als klare und zugleich verständnisvolle Kommunikation. Damit bist du dann auch für deinen Hund der erste Ansprechpartner in brenzligen Situationen und darfst weiterhin wichtige Entscheidungen zu euer beider Gunsten treffen.

Doch so leicht das mit den klaren Grenzen und der eindeutigen Kommunikation auch klingen mag, natürlich ist die Junghunde-Zeit trotzdem geprägt von Herausforderungen – für dich und deinen Hund. Ist es dein erster Hund, so wirst du bis hierhin sicher schon Vieles ausprobiert haben, was du so gelesen und gehört oder auch bei anderen gesehen hast. Ist es nicht dein erster, sondern dein zweiter, dritter oder vierter Hund, so wird es nicht zwingend einfacher, da dir spätestens jetzt klar wird, dass eben jeder Hund anders ist und dass du nicht einfach vergleichen darfst, auch wenn es dir bis hierhin sicher schon völlig ungewollt etliche Male passiert ist.

Wir stellen also fest, dass es jeder junge Hund verdient, dass man ihn als ein eigenständiges Individuum betrachtet. Daher gilt: eigene Erfahrung oder auch der Rat anderer erfahrener Hundehalter sind zwar oft hilfreiche Anhaltspunkte, aber eben auch nicht mehr als das. Kein Buch der Welt kann dir den Hund erklären, den du gerade vor dir hast! Und das, was bei deinem letzten Hund gut funktioniert hat, kann für das Wesen, das du nun an deiner Seite hast, gänzlich verkehrt sein.

Die Entwicklung des jungen Hundes durchläuft schließlich viele verschiedene Phasen. Und wie bei uns Menschen gibt es auch unter den Hunden immer Kandidaten, die eine Entwicklungsstufe mehr oder weniger ausgeprägt zeigen, sie schneller oder langsamer meistern. Der eine gewöhnt sich sehr schnell an verschiedene Umstände, ein anderer benötigt dafür einfach mehr Zeit. Hat ein Hund bestimmte Lerninhalte sehr schnell angenommen und gelernt, so heißt dies noch lange nicht, dass er auch alles korrekt und nachhaltig gelernt hat und man direkt den nächsten Schritt mit ihm gehen kann. Andersherum sind Hunde, die für eine Sache länger brauchen, nicht zwingend dümmer. Sie lernen vielleicht einfach nur ein bisschen anders, haben manche Dinge dafür aber vielleicht auch zuverlässiger abrufbar gespeichert. Schnelles Lernen bedeutet also nicht automatisch auch nachhaltiges Lernen.

Auch körperliche Vorgänge haben dabei Einfluss darauf, wie dein Hund mit dem Training zurechtkommt. Hunde, die sehr groß werden (und hier gibt es sogar innerhalb einer Rasse große Unterschiede) sind oft ein bisschen hinterher, da sie einfach mehr mit Wachstum und Entwicklung »zu tun« haben als kleinere, wendige Exemplare. Alles gleichzeitig geht nun einmal nicht.

Pläne und Ratgeber, welche dir vorgeben wollen, in welchem Alter dein Hund welche Dinge erreicht haben sollte, kannst du also getrost aus dem Fenster werfen! Sie beachten schließlich

nicht das Tempo deines Hundes und auch nicht dein persönliches Geschick als Hundeführer. Denn zwei Neulinge zusammen brauchen oft einfach etwas länger, weil Theorie lesen, hören und verinnerlichen sowie diese dann aber auch in die Praxis umsetzen können, tatsächlich zwei verschiedene Paar Schuhe sind. Also schau nicht zu viel nach rechts und links und lass dich vor allem nicht verrückt machen. Achte gern auf Menschen, die das mit ihrem Hund können, was du gerne erreichen würdest, aber habe dabei immer im Kopf, wie oft diejenigen das schon gemacht haben und dass du nicht den gleichen Hund führst.

Und eines gilt immer, egal der wievielte Hund schon bei dir eingezogen ist: Es gibt da etwas, das nennt sich Bauchgefühl und darauf darf man tatsächlich des Öfteren auch mal hören. Es schaltet sich zumeist zuverlässig in komplizierten, neuen Situationen, oder dann ein, wenn du auf etwas triffst, was dir widerstrebt.

Hast du also das Gefühl, dass etwas so gar nicht mit dir und deinem Youngster vereinbar ist, dann lass es, egal, wer dir dazu geraten hat und sprich notfalls mit demjenigen auch offen darüber. Genauso verhält es sich mit dem umgekehrten Beispiel. Fühlt sich etwas leicht und gut an, dann bleibe dabei, auch wenn du nicht immer direkt den Erfolg siehst oder gar für dein Verhalten kritisiert wirst. Vielleicht seid ihr, dein Hund und du, ja trotzdem gerade auf EUREM persönlichen, richtigen und gemeinsamen Weg, egal wie schnell oder langsam dieser letztlich sein mag!

Gerne überhören wir unser Bauchgefühl mit zunehmendem Alter und versuchen stattdessen, mit dem Verstand zu rechtfertigen, was gefühlt nicht passen will. Doch verbindet uns und unsere Hunde eben mehr als nur der Verstand. Im Gegenteil: Die Beziehung zwischen Mensch und Hund ist sogar eine hoch emotionale, weshalb das Gefühl immer auch eine Rolle im Umgang mit dem eigenen Hund spielen sollte.

An- und Gebote …

Im Zusammenleben mit Hunden und insbesondere in der Erziehung von jungen Hunden ist es ganz wichtig, möglichst frühzeitig zwischen An- und Geboten zu unterscheiden. Ich glaube, je mehr junge Hunde man schon großgezogen hat, desto klarer ist einem, welche Dinge einem wirklich entscheidend sind und welche Luxus sind. Man lernt dadurch, Prioritäten dort zu setzen, wo es wichtig ist, weil man auch gelernt hat, dass die Erde sich weiterdreht, auch wenn der Hund kein Pfötchen geben kann. Nun ist es aber mit den Prioritäten wie mit der Wahl des Lebensstils – jeder hat da unterschiedliche und das ist auch gut und richtig so! Schließlich muss das Verhalten des Hundes am Ende auch zum Lebenswandel des Menschen passen, bei dem er eingezogen ist.

Aber noch entscheidender ist es in meinen Augen, dass man durch diese Erkenntnis zusätzlich lernt, dass es viel einfacher geht, wenn man die Prioritäten, die einem wirklich wichtig sind, auch IMMER umsetzt und einfordert. Für mich ist das nichts anderes, als der Aspekt »Konsequenz und Kontinuität« im Hundetraining. Setze ich die Dinge, auf die ich meinen Fokus gelegt habe, immer um, so komme ich zwangsläufig zu einem guten Ergebnis.

Es ist eben wie ein Kochrezept. Man weiß, dass es funktioniert, wenn man etwas einfach so zubereitet, wie es dort geschrieben steht und trotzdem neigen manche Menschen dazu, das Rezept immer wieder noch ein wenig abzuwandeln. Manchmal geht das gut, manchmal aber eben auch nicht und das Essen ist nicht mehr genießbar!

Und genauso wie ich manches Gericht selbst kochen kann, bei anderen jedoch einen erfahrenen Koch an meiner Seite brauche, so können auch einige Dinge im Hundetraining sicherlich auf eigene Faust erreicht werden. Für andere braucht es gegebenenfalls ein wenig Unterstützung, was ebenso legitim ist. Aber durchhalten und konsequent bleiben, das muss ich in jedem Falle selbst! Keinen Trainer der Welt kann ich dafür verantwortlich machen, wenn ich meine Ziele nicht richtig verfolge und nicht die Arbeit, Geduld und Zeit in ein Training investieren möchte, die es braucht.

Und auch wenn etwas schiefläuft, bin nur ich alleine verantwortlich und nicht der Trainer. Warum? Diesen wähle ich schließlich selbst aus und bin daher in der Pflicht, ganz genau zu prüfen, ob er mir zur Erreichung meiner Ziele dienlich ist und wir gut zusammenarbeiten können oder nicht. Wie überall im Leben, so habe ich schließlich auch im Punkto Hundeerziehung die freie Wahl. Somit trage ich die Verantwortung für das, was ich da an der Leine heranziehe, IMMER selbst! Dies ist übrigens sogar rechtlich so geregelt ... schon gewusst? Selbst wenn mein Hund während eines beaufsichtigten Trainings oder aufgrund des Fehlverhaltens anderer Personen zur Gefahr wird, trage ich als Halter die Verantwortung, denn einen Hund zu halten, bedeutet eine reine Gefährdungshaftung.

Und plötzlich ist er oder sie ein Pubertier ...

... oder vielleicht doch gar nicht so plötzlich?! Gerne wird die Pubertät des Hundes als Ausrede für alles und jedes genommen. Und ja, nicht zu selten empfinde ich es wirklich als Ausrede für schlichtweg mangelnde Erziehung in den ersten Monaten, wenn die Pubertät für jedes Fehlverhalten des Hundes als Erklärung herhalten muss.

Und da Erziehung jegliche, pädagogische Einflussnahme auf das Verhalten eines Hundes bedeutet, meine ich damit nicht, dass nicht genügend Härte an den Tag gelegt wurde! Pädagogische Einflussnahme ist schließlich vielfältig, soll aber an dieser Stelle gar nicht das Thema sein. Stattdessen wollen wir uns noch einmal genauer den Start dieser ominösen Zeit, dieser Pubertät, genauer ansehen.

Der Startschuss zum »Chaos im Kopf« fällt nämlich selten so plötzlich, wie es den Anschein haben mag. Zum besseren Verständnis des eigenen Hundes in dieser Zeit werden wir dieses Ereignis daher nun etwas intensiver beleuchten.

Bei der Hündin leicht zu bemerken, da rein optisch erkennbar, ist ganz simpel das Einsetzen der ersten Läufigkeit ein wichtiges Indiz dafür, dass die Pubertät beginnt. Beim Rüden gilt das Heben des Beinchens beim Urinieren als Anzeichen für eine Veränderung in der Hormonlage. Dabei ist allerdings nicht das einmalige, fast versehentliche Anheben des Hinterbeins, sondern das serienmäßige Markieren auf drei Beinen gemeint. Eigentlich also ganz einfach zu erkennen, wann die Pubertät ihren Lauf nimmt.

Dass jedoch nicht alle Hunde zum gleichen Zeitpunkt in die Pubertät eintreten, hängt derweil von mehreren Faktoren ab. Zum einen spielt die Genetik hier eine große Rolle. So setzt bei Hündinnen nicht selten die erste Läufigkeit zu einem ähnlichen Zeitpunkt ein wie es bei der Mutterhündin der Fall gewesen ist.

Auch Stress hat Einfluss auf das Einsetzen der Pubertät. Manche Mehrhundehaltungen können aufgrund ihrer Konstellation den Rahmen abstecken, wann die Geschlechtsreife bei einem jungen Hund im Rudel überhaupt einsetzten »darf«. Dies hat dann zumeist damit zu tun, dass ältere, meist ranghohe Tiere durch ihre Hormonlage und ihr Verhalten dem Jungspund gegenüber dessen hormonelle Aktivität beeinflussen.

Der Ernährungszustand wird zwar in vielen wissenschaftlichen Abhandlungen auch als ein einflussnehmender Faktor für das Einsetzen der Pubertät genannt, ist aber bei Hunden, die in unseren Gefilden aufwachsen dürfen, eher selten ein Grund für eine spät einsetzende Pubertät.

Doch nachdem nun geklärt wurde, woran man das Einsetzten der Pubertät äußerlich festmachen kann, stellt sich noch immer die Frage, was nun eigentlich genau im Körperinneren eines Junghundes passiert, wenn dieser Prozess in Gang kommt.

Der Beginn der Pubertät wird auf hormoneller Ebene eingeläutet, wenn die sogenannten Pubertätsgene (KISS-1) eingeschaltet werden. Diese sorgen nämlich für die Ausschüttung des GnRH (Gonadotropin-Releasing-Hormon), ein Hormon, das im Hypothalamus gebildet wird und das seinerseits wiederum bewirkt, dass andere Hormone – genauer, die Gonadotropine – freigesetzt werden.

Als Gonadotropine bezeichnet man spezielle Hormonen, die dem Wachstum von männlichen und weiblichen Keimdrüsen (Gonaden) dienen und somit einen anregenden oder auch regulierenden Einfluss auf endokrine Funktionen haben.Et voilà, die Sexualhormone können nun in eben diesen Drüsen gebildet und ausgeschüttet werden.

Mit diesem komplizierten Mechanismus wird also letztlich die Ausschüttung der jeweilig benötigten Geschlechtshormone – Östrogen oder eben Testosteron – in Gang gesetzt. Werden diese freigesetzt, so passieren wiederum auf anderer Ebene einige Dinge im Körper eines jungen Hundes. So zum Beispiel kommt es häufig zu folgendem Phänomen:

Dieser Anschluss ist vorübergehend nicht erreichbar ...

Wie oft hört man diesen Ausdruck im Zusammenhang mit der Pubertät des Hundes?! Sehr oft! Und ganz ehrlich: Er trifft tatsächlich manchmal den Nagel auf den Kopf. Am Gehirn des Hundes finden nämlich in der Zeit der Pubertät – ähnlich wie am menschlichen Gehirn – wirklich strukturelle Veränderungen statt. Während die Hirnmasse bei Welpen und Junghunden von grauer Substanz geprägt ist, wird sie im Laufe der Pubertät umgebaut zu sogenannter weißer Substanz.

Das heißt konkret, dass Nervenfasern nun zunehmend myelinisiert werden, wodurch sie leitfähiger werden. Myelin ist nämlich eine Biomembran, mit der die Axone der meisten Nervenzellen von Wirbeltieren später umwickelt sind, sodass Myelinscheiden entstehen, die die Geschwindigkeit der Erregungsleitung erheblich über die eines »nackten« Axons anheben.

Neben dem Prozess der Myelinisierung steht in der Zeit der Pubertät auch eine Überprüfung an, welche Nervenbahnen und -areale wirklich wichtig sind und gebraucht werden und welche nicht. Nur die Bereiche, die auch regelmäßig angesprochen werden, bleiben erhalten. Nervenbahnen, welche nicht in Gebrauch sind, werden nach und nach abgebaut.

Dies bedeutet also für unseren Hund, dass eine vielfältige Reizansprache in den ersten Lebensmonaten wesentlich ist, um so viel Gehirn-Kapazität wie möglich für einen späteren Zeitpunkt zu erhalten. Was bis dato nicht gebraucht wurde, wird auch im Nachgang nicht wiederhergestellt werden. Nicht angelegte Nervenbahnen und solche, die nie genutzt wurden, führen also zum gleichen Ergebnis: sie sind später nicht (mehr) vorhanden. Somit ist es für ein komplexes und vielseitiges Referenzsystem sowie eine schnelle Verarbeitung neuer Informationen notwendig, dass du deinen jungen Hund förderst und forderst, da es sich sonst auch strukturell im Gehirn bemerkbar machen wird, wenn es hier Defizite gibt.

Zwar wird in jedem Falle die Gesamtmenge der Nervenbahnen in der Zeit der Pubertät reduziert, allerdings erhöht sich parallel dazu bei entsprechender Förderung die Speicherkapazität der Nervenbahnen, welche erhalten bleiben. Somit bleiben nach dem erfolgten Umbau schnellere und leistungsfähigere Nervenbahnen im Gehirn zurück. Das Rechenzentrum wird also optimiert. Beim Menschen weiß man übrigens, dass ca. 15 Prozent der tatsächlichen

Hirnmasse in der Entwicklung durch die Pubertät hindurch aussortiert werden. Wie hoch der Prozentsatz bei Hunden allerdings ist, ist nicht ganz sicher.

Insgesamt steigt durch diese Prozesse also die Speicherkapazität des Computers »Gehirn« an. Nur in der Zeit des Umbaus sind die Aufnahme und Verarbeitung von Impulsen und somit die »Erreichbarkeit« des Pubertierenden bisweilen schlechter. Es hat schon berechtigte Gründe, warum heranwachsende Hunde manchmal ein bisschen seltsam aus der Wäsche schauen und den Eindruck erwecken, als stünden sie gerade gewaltig auf der Leitung. In der Zeit der Pubertät tut sich schließlich neben hormonellen Entwicklungen auch einiges am zentralen Rechenzentrum des Hundes.

Neben dem bisher beschriebenen Geschehen auf der körperlichen Ebene hat die Pubertät aber natürlich – und das ist es, was uns Hundehalter wohl am meisten umtreibt – auch gewaltigen Einfluss auf das Verhalten unserer Vierbeiner. Doch wenn man einmal nicht nur die eher »unangenehmen« Nebenwirkungen der Pubertät betrachtet, so zeigt sich schnell, warum die Pubertät auch ihre Sinnhaftigkeit und Daseinsberechtigung hat. Schließlich sorgt sie auch dafür, dass der Junghund sich von seinem bisher überwiegend infantilen und emotional geprägten Verhalten löst und sich zunehmend zu einem rational und vernunftorientiert handelnden Wesen orientiert.

Doch was bedeutet das konkret? Im Welpenalter werden die meisten Handlungen prompt und emotional getriggert ausgeführt, wofür im Besonderen das limbische System des Gehirns zuständig ist. Die Bedürfnisse, die aufkommen, sollen möglichst zeitnah befriedigt werden.

Für das vorherige Abwägen sowie die Impulskontrolle, bevor eine Handlung ausgeführt wird, ist jedoch das Frontalhirn zuständig. Dessen Arbeit ist für rationale Entscheidungen maßgeblich. Im Zuge der Umwandlungen im Gehirn während der Pubertät bekommt dieser Bereich mehr Zuständigkeiten und wird immer weiter trainiert. Dies führt dazu, dass sich das Frontalhirn immer mehr in Entscheidungsprozesse einschaltet. Auf diese Weise können mögliche Aktionen sowie Reaktionen auf bestimmte Situationen des Hundes peu-à-peu immer besser abgewogen und dadurch angepasst werden.

Ist dieser Prozess weitestgehend abgeschlossen, so ist dies deutlich am Verhalten des Hundes spürbar. Meist fällt beispielsweise auf, dass der Hund nicht mehr so oft und schon gar nicht mehr mit jedem anderen Hund spielen mag – er wägt nun ab, welcher Kontakt für ihn sinnvoll ist und welcher nicht. Auch merkt man im Zusammenleben und im Training mit seinem Hund häufig, dass der nun etwas reifere Partner gelernt hat, nicht mehr jedem Impuls einfach unkontrolliert nachzugeben oder einen kurzfristig entstandenen Wunsch auch einmal für ein »übergeordnetes Ziel« hintenan zu stellen.

Das Verhalten wird also im Gesamten meist ruhiger und für uns berechenbarer, da es nun rational besser nachzuvollziehen ist. Man könnte fast sagen, dass man das Gefühl hat, dass sich so mancher Nebel gelichtet hat und der Blick des Hundes auf seine Umwelt klarer geworden ist. Meist geht damit auch eine merkliche Ausdehnung der Aufmerksamkeitsspanne einher. Kann sich ein Welpe manchmal keine drei Minuten konzentrieren und fällt es dem Pubertier oft auch noch schwer, sich einmal fünf Minuten zu beherrschen, so ist es dem nun erwachsen gewordenen Hund auch einmal möglich, einem Training von einer Stunde und mehr konzentriert zu folgen.

Wenn dieses Stadium erreicht ist, so spricht man übrigens davon, dass das nun gezeigte Verhalten dem Erwachsensein entspricht. Dies ist auch der Grund, warum ich an dieser Stelle noch einmal eindringlich auf die Gefahr einer Frühkastration hinweisen möchte. Für die eben beschriebenen Prozesse, die während der Pubertät ablaufen, sind nämlich die Geschlechtshormone unabdingbar. Daher ist es kein Wunder, wenn der Zustand der geistigen Reife bei Frühkastraten niemals eintritt und man somit im schlimmsten Fall ein Hundeleben lang einen nicht erwachsenen Hund an seiner Seite hat. Es mag also verlockend erscheinen, sich die Pubertät durch eine Frühkastration etwas zu erleichtern, aber dafür riskiert man einen Hund, der einige Lernprozesse verpasst, der von anderen Hunden häufig nicht ernst genommen wird und der in letzter Konsequenz nie richtig erwachsen werden darf.

Doch wenn in der Pubertät so viele sinnvolle Dinge geschehen, warum ist sie dann manchmal für uns Menschen (und sicherlich auch für unsere Hunde) so anstrengend? Ganz simpel erklärt: In der Zeit der Pubertät überprüfen Wildcaniden (wie wir Menschen übrigens auch), ob sie in ihrem sozialen Verbund verbleiben oder ob sie abwandern und ihre eigene Familie gründen werden.

Bevor sie jedoch tatsächlich abwandern, testen sie sich selbst und die vorgegebenen Grenzen innerhalb der bestehenden Gruppe noch einmal aus. Und das ist das »Pubertieren«, welches auch wir Menschen häufig zu spüren bekommen. Heute wird der Rückruf einmal nicht so ernst genommen, weil eine gut riechende Dame vorbeikommt, morgen ist das Kommando Decke plötzlich vergessen, weil man sich im Bewegungsradius nicht länger einschränken lassen möchte und übermorgen wird durch frustriertes Bellen kundgetan, was man vom Gebot des Wartens hält.

Und auch dieser Teil des Prozesses ist ein ganz normaler und vor allem ein notwendiger. Wie ein Teenager auch, befindet sich ein pubertierender Hund in einer Art »Selbstfindungsphase«, in der er überprüft und testet, ob und wann er sich von seiner Familie gegebenenfalls lösen und eigene Wege gehen muss. Was einen Hund jetzt ganz klar abwanderungsbereiter machen wird, sind mangelndes Verständnis und ein unfairer Umgang.

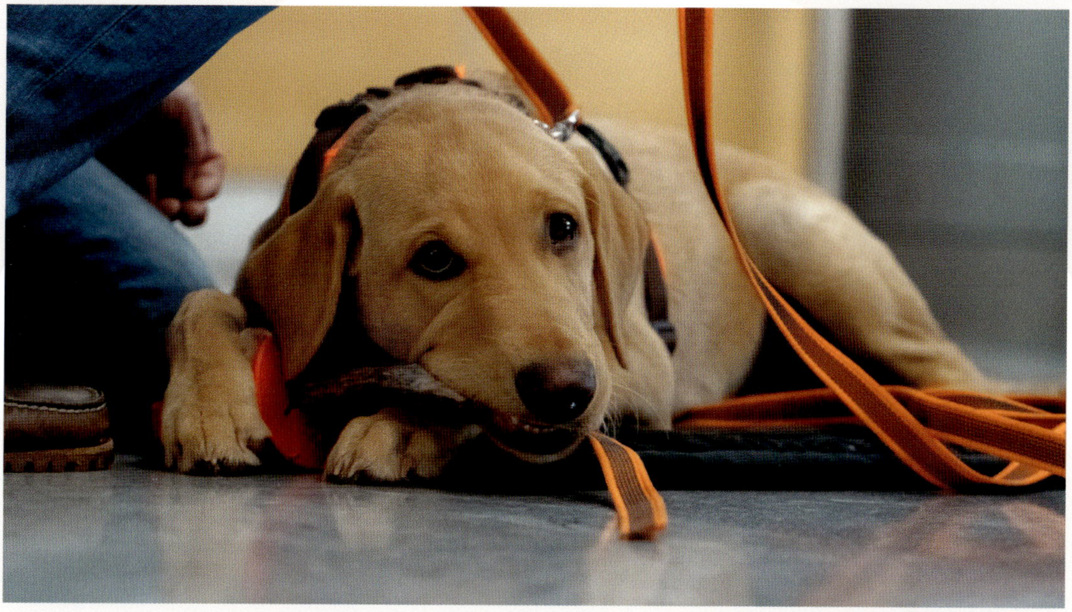

Hilfreicher ist es, die Einhaltung der aufgestellten Regeln einfach weiterhin konsequent einzufordern, dabei aber Rücksicht auf die aktuelle Leistungsfähigkeit des vierbeinigen Mitarbeiters zu nehmen. In der Pubertät geht es also keinesfalls um höher-schneller-weiter, sondern vielmehr darum, mit viel Verständnis für den Umbruch, den unser Hund da gerade erlebt, die grundsätzlichen Leitlinien beizubehalten und diese in angepassten Aufgaben abzufragen. Dabei schadet es allerdings auch nicht, sich hier und da – beispielsweise durch ein spannendes, gemeinsames Hobby – attraktiv zu machen. Schließlich möchten wir die Abwanderung des erwachsenen Hundes ja unbedingt vermeiden.

Neben den vielen strukturellen Veränderungen im Gehirn, wird die Zeit der Pubertät auch durch eine brisante Mischung diverser Hormonaktivitäten erschwert. Und dafür sind mitnichten nur die neu hinzu gewonnenen Geschlechtshormone verantwortlich. Während des Umbaus ist das Gehirn des jungen Hundes nämlich sehr empfindlich für den Neurotransmitter Dopamin, welches auch als »Selbstbelohnungsdroge« oder »Glückshormon« bekannt ist. Schüttet der Körper nach einer Konfrontation mit einem Reiz Dopamin aus, setzt dies eine Handlungsbereitschaft in Gang, das heißt, die Motivation zu reagieren steigt. Besonders leiderprobt sind in diesem Zusammenhang Menschen, die einen jagdlich ambitionierten Hund führen. Neben Adrenalin und Noradrenalin wird beim Jagen nämlich auch Dopamin ausgeschüttet, weshalb allein schon das Hetzen von Beutetieren, ganz ohne Erfolg, selbstbelohnend wirkt. Passend dazu treten die ersten richtigen »Jagdausflüge« bei Hunden auch in der Pubertät auf.

Hinzu kommt, dass der Mandelkern des Gehirns (auch Amygdala genannt) in dieser Zeit vergrößert ist, was eine erhöhte Sensibilität gegenüber der Umwelt verursacht. Dies liegt daran, dass die Amygdala maßgeblich für die Verarbeitung externer Reize verantwortlich ist. Schnelle und ungehemmte Angst-, Lust- sowie Stressreaktionen beispielsweise werden durch ihre Aktivität eingeleitet. Dadurch ist der Stresshormonspiegel im Körper eines Hundes in der Pubertät so hoch wie sonst nie. Die Anfälligkeit für spontane emotionale Reaktionen steigt, während die Empathiefähigkeit unter dieser Situation eher leidet. Eine Mischung, welche für Hund und Mensch nicht immer leicht auszuhalten ist und auch so manche überraschende Reaktion des Vierbeiners erklärt.

Machen wir uns also die Kombination aus einer zum Teil wirklich prekären hormonellen Lage sowie den umfangreichen Umbaumaßnahmen im Gehirn bewusst, so wird schnell klar, dass bestimmte Verhaltensweisen in dieser Zeit als »völlig normal« abzustempeln sind. Bisweilen hilft an dieser Stelle wirklich nur das Prinzip »aussitzen und aushalten«.

Zu diesen – für uns eher unerwünschten – Verhaltensweisen gehört beispielsweise ein stark gesteigertes Erkundungsverhalten. Das bedeutet, dass der Radius, in dem sich dein Hund frei bewegt, unweigerlich größer wird. Es wird mehr und intensiver geschnüffelt und damit abgecheckt, wer, wann und wo unterwegs war. Man muss schließlich wissen, mit welchem »Feind« man es zu tun bekommen könnte, wo potentiell die Hochzeitsglocken läuten könnten oder wo man besser mal eine Duftmarke setzen sollte, um das eigene Revier abzustecken. Sei also gefasst darauf, dass du in dieser Zeit den Freilauf stärker kontrollieren, das Abrufsignal erneut festigen und ein wenig vorausschauender unterwegs sein musst.

Faszinierend ist doch, was Menschen bereit sind in Kauf zu nehmen, um die körperliche und (vermeintliche) seelische Unversehrtheit ihres Hundes zu erhalten.
Wir sind wissenschaftlich so weit – und das ist wahrlich ein Segen –, dass wir mit unserem vierbeinigen Freund gut umzugehen gelernt haben und mittlerweile so vieles über ihn wissen.
Manches Mal hilft aber einfach eine klare Entscheidung zu treffen viel mehr, als herum zu philosophieren ob ja, nein, oder doch vielleicht die bessere Antwort sein könnte.
Eine sehr große Debatte gibt es immer wieder um das Thema Kastration des Hundes. Berechtigterweise – bitte nicht falsch verstehen. Ein Schritt, der weitreichende Folgen mit sich bringen kann, die im Verlauf des Hundelebens zum Nachteil werden können.
In unserem Fall, war es mit dem kleinen süßen Nemo irgendwann so, dass er als Halbstarker gleich mehrere Tollitäten parat hatte, die einen Umgang in der Öffentlichkeit und auch zu Hause nicht immer leichtmachten.
Es kam nicht nur einmal vor, dass meine Mutter völlig verzweifelt aus der Hundeschule zurückkam, weil er sich anderen Rüden gegenüber wie eine offene Hose benommen hatte und es in diesem äußerst niedlichen Alter bei ihm keine Seltenheit war, dass er allen anderen Geschlechtsgenossen gerne demonstrieren wollte, wer eigentlich Chef über den ganzen Hundeplatz sei.

Sicherlich eher der Typ Hund, bei dem man für so manche Taten im Boden versinken möchte. Das tat sie nun nicht, ging immer fleißig wieder hin, aber klar war, dass er z.B. mit seinem Erzfeind, einem Boxer, der einfach immer so blöd schaute, besser nicht frei zusammenlief.
Die äußerst inkompatible Art und Weise, mit anderen Rüden umzugehen, war allerdings nicht das einzige Problem.
Das niedliche Retrieverlein rammelte ab einem Alter von ungefähr 8 Monaten alles, was nicht bei 3 auf den Bäumen war, inklusive der Kinder des Hauses. So zum Beispiel, wenn man zu schnell in der Gegend herumrannte, er einfach gerade dachte, dass es gut in die Situation passen könnte, oder was auch immer gerade der Grund war.
Ein äußerst aktives Kerlchen. Meine Mutter war ständig auf der Hut, dass er sein äußerst peinliches Verhalten an uns nicht auslebte. Wenn Kids zu Besuch waren, führte das meist zu einem räumlichen Einschränken für ihn, um Weiteres zu verhindern. Auch die Hundemädels hatten es ihm wirklich schwer angetan. Er konnte eigentlich in der Hundeschule phasenweise kaum denken. Waren da zum einen der Boxer, zum anderen nette Damen, die alle nur seinetwegen da waren.
Mit den Nerven meiner Mutter hätte ich nicht tauschen wollen.
Man ging auch gewissen Kandidaten auf dem Spazierweg sehr deutlich aus dem Weg und es gab für ihn richtige »Feindbegegnungen«, die schon beim Passieren auf der anderen Straßenseite, in weiter Entfernung seinerseits zu ziemlichen Wallungen und unschönem Gebaren an der Leine seinerseits führten.
Sofern dies möglich war, vermied man die Begegnungen, oder zählte zu den Menschen, die erstmal weit in eine Wiese hinein flüchten, um Abstand zu halten. Das konnte man auch gar nicht nur an einem festmachen, außer, dass es alles Rüden waren. Von Spitz, über Schnauzer zum Altdeutschen Schäferhund... Da gab es einige, denen er viele Schimpfworte um die Ohren haute, wenn wir an ihnen vorbeigingen.
Nachdem man sich dies alles so eine ganze Zeit angeschaut und sich viel und intensiv mit Fachpersonal beraten hatte, fiel die Entscheidung: Kastration.
Tja, was soll ich sagen...die Mädels waren nicht mehr ganz so spannend, wir Menschlein wurden auch von fehlgeleiteten Interessensbekundungen verschont, aber die Rüden – die wurden nach wie vor angeprollt! Mission nur teilweise geglückt.

Oft fällt es Hunden in diesem Alter auch sehr schwer, sich von spannenden Reizen zu lösen. Sie sind in manchen Situationen einfach so aufgeregt, dass dieses »wieder aus dem Tunnel herauskommen« teils schier unmöglich erscheint. So ergeht es beispielsweise dem jungen Rüden, wenn er in der Trainingsgruppe eine wohl duftende Hündin ausmacht. Da ist die Konzentration oft dahin – und zwar für die ganze restliche Stunde. Ebenso schwer fällt es dem jungen Hund, der eben erst seine jagdliche Leidenschaft entdeckt hat, ein Kaninchen nicht weiter zu fixieren, das da frech vor seiner Nase aus dem Gebüsch herausschießt. Diese Situationen bedeuten oft einen Drahtseilakt für die Hundehalter-Nerven. Vielleicht ist es da einfach tröstlich zu wissen, dass man damit nicht allein ist.

Das ist manchmal so ein Ding mit den Eigenheiten eines Hundes. Insbesondere dann, wenn man ein sehr starrsinniges Projekt gestartet hat.
So wenig, wie Nemo bereit war, von seiner nicht vorhandenen Arbeitsmoral abzurücken, so hatte er auch noch einige kleine Eigenheiten, von denen er selten abzubringen war.
Beispielsweise legte er sich immer hin, wenn man auf dem Spazierweg Hunden mit ihren Menschen begegnete. Schon wenn diese noch weit weg waren und frontal auf dem Weg in unsere Richtung marschierten, schmiss er sich hin, rammte sein ganzes Gewicht in den Boden und war durch nichts, aber auch gar nichts, weiter zu bewegen. Weder nettes Bitten, noch erfinderische Ablenkungsmanöver oder der verzweifelte Versuch, ihn einfach weiterzuziehen, konnten da irgendwas dran ändern.
Auch ins Auto springen – egal in welches – Fehlanzeige. Weder durch Füttern im Auto, Leckerli in den tollsten Varianten, tiefen Einstieg, anderen Hund, angenehme Erlebnisse ließ sich etwas bewirken. Es war ein sich immer wiederholendes Bild: Vorderpfoten in den Kofferraum stellen und darauf warten, dass geeignetes Personal ihn reinheben möge. Passierte dann natürlich auch, irgendwann hatte man aufgegeben und fand sich mit der Situation ab.
Buddeln, was liebte er es zu buddeln. Erst empfindet man das ja noch als niedliches Unterfangen. Diese Vorliebe artete jedoch so sehr aus, dass man im Grunde, hatte er ein Mauseloch gefunden, nur 2 Dinge tun konnte: entweder man nahm ihn sofort an die Leine und ein ganzes Stück mit, oder man bereute, dass man dies nicht gemacht hatte und ging gefühlt einen halben Kilometer zurück, um ihn völlig vermatscht aus dem Mauseloch hervorzuholen und dann mitzunehmen. Pfeifen, rufen? Egal – keine Zeit!
Kam er in der wärmeren Jahreszeit vom Spazierengehen heim und meine Mutter ging mit ihm durch das Gartentor wieder ins Haus, so war er auch nach langem Training und vielen Verboten nicht davon abzubringen, sich zur Abkühlung noch einmal in den Gartenteich zu legen. Irgendwann hatte man auch hier aufgegeben und ließ ihn gewähren. Ein paar Handtücher mehr wurden der Hundeausstattung hinzugefügt.

Besonders wichtig ist es, in dieser Phase an der Impulskontrolle des jungen Hundes zu arbeiten. Immer wieder sollte er in zwar reizvolle, aber dennoch aushaltbare Situationen gebracht werden und lernen, dass es lohnt, dem Reiz zu widerstehen. Fördern, aber nicht überfordern, ist auch hier die Devise.

Umgang mit Frust – Impulskontrolle

Ein Thema, wie es häufiger in der Hundeszene kaum angesprochen werden könnte. Überall liest man von Impulskontrolle, Reizkontrolltraining. Der junge Hund soll lernen, sich zu beherrschen. Nun ist dieses »Sich-Beherrschen« in der Pubertät teils gar nicht leicht. Das hat nichts damit zu tun, dass der Hund es uns »einmal so richtig zeigen will«, sondern einfach, dass eine

natürliche Neugier mit überschießenden Reaktionen aus hormoneller Sicht und mangelndem Regulativ zusammenkommt. Aber um was geht es denn eigentlich genau? Und hilft es wirklich permanent, dem Hund bewegte Reize, wie Bällchen oder Spielzeug zu präsentieren, denen er dann widerstehen muss?

Schauen wir einmal, was genau dahintersteckt! Für junge Menschen wird die Impulskontrolle als Fähigkeit bezeichnet, eine Handlung auf einen bestimmten Reiz zu stoppen, um über mögliche Konsequenzen nachzudenken. Trifft dies nun auch auf den Hund zu? Denkt ein Hund tatsächlich über mögliche Konsequenzen aus einer Handlung heraus nach? Im Grunde können wir dies schwer beschreiben und versuchen, einiges aus der menschlichen Psychologie und Verhaltensentwicklung abzuleiten und diese Erkenntnisse mit denen aus verschiedenen Studien mit Hunden zusammenzulegen.

Erst einmal bedeutet Impulskontrolle bei unseren Hunden, dass dem Nachgehen eines eigenen akuten Bedürfnisses widerstanden werden kann. Bedürfnisse sind selbstverständlich auch für verschiedene Hunde unterschiedlich. Für manche Hunde ist es kein Problem, einem Beutereiz als Beispiel zu widerstehen, weil sie an dieser einen Beute vielleicht gar kein großes

Interesse hegen. Das Gleiche erleben wir mit dem Erblicken von anderen Hunden am Horizont. Was für den einen der absolute Supergau ist und der eine Hund auch noch zu Hunden in 400m Meter Entfernung hin galoppieren würde, sofern er die Gelegenheit hätte, so liegt für andere Hunde dieser Reiz völlig außerhalb ihres Interessensspektrums, weil sie gar kein großes Bedürfnis haben, sich mit anderen Hunden auseinanderzusetzen.

Selbstverständlich fällt eine »mangelnde Impulskontrolle« im jugendlichen Alter gerne an ähnlichen Punkten bei Hunden auf. Denn als Beutegreifer in der Hauptsache, sind bei vielen die Bedürfnisse und Interessen sehr ähnlich. Gerade bewegte Beute, ob Wild, oder fliegende Blätter, rennende Menschen erwecken bei vielen Hunden ein großes Interesse. Genauso wie das Auffinden von interessantem Futter. Auch die Ausprägung, wie ein Hund reagiert, wenn sein Interesse geweckt wurde und er diesem nicht nachgehen kann, kann sehr stark variieren. Manchmal ist es nur ein angespanntes Hinblicken, andere reagieren mit Lautäußerungen, oder versuchen durch Springen und Hüpfen an der Leine vielleicht doch noch dorthin zu kommen, wo das Objekt ihres Interesses ist.

Eine Impulskontrolle, bzw. die Eigenschaft eines Hundes allgemein, einfach jedem Reiz easy widerstehen zu können, ist nicht generalisierbar. Dies nehmen wir schnell an, wenn wir suggeriert bekommen »man könne es trainieren und jeder Hund muss es auf einem vorgeschriebenen Level vorweisen«. Leider ist dem nicht so, denn Impulskontrolle ist keine allgemein erlernbare Eigenschaft. Zum einen, weil jedes Individuum andere Reize hat, welche es brennend interessieren und zum anderen auch die Reaktion darauf nicht unbedingt aus der einen Situation sofort mit in andere übertragen werden kann.

Ich gebe dir gerne ganz einfache Beispiele, um das leichter zu verstehen. Ein Hund, der im Dummytraining vielleicht sehr aufgeregt ist, wenn er die Beute erblickt und dem es super schwerfällt, sitzen zu bleiben, wenn er nicht dran ist und auch noch ruhig zu bleiben, kann zu Hause in einem ganz anderen Kontext ganz anderes Verhalten zeigen. Vielleicht hat exakt dieser Hund schon bestens gelernt, dass Sich-Aufregen am Gartenzaun, wenn Kinder davor mit einem Ball spielen, völlig sinnbefreit ist und reagiert darauf nicht so stark aufgeregt, wie auf Beute im Kontext mit dem Dummytraining. Oder ganz oft kommt auch die Aussage, dass exakt der gleiche Hund, der im Training so wahnsinnig hochfährt, zu Hause die liebste Schmusebacke auf der ganzen Welt ist und sich ganz ruhig in vielen Situationen dort verhält, oder vielleicht gar nicht auffällt.

Lass uns klären, was das bedeutet: Hunde können durchaus Impulskontrolle für verschiedene Situationen lernen, es ist aber nicht jedem einfach von Geburt an für jede Situation geschenkt. So benötigt das Trainieren von Impulskontrolle in verschiedenen Bereichen Strategien, die dem Hund dabei helfen, sich zu regulieren.

Das klingt sehr kompliziert, deswegen möchte ich dir an dieser Stelle auch wieder eine praktische Idee dazu mitgeben.

Schauen wir wieder in den Bereich des Dummytrainings, so ist eine Situation beispielsweise, dass der Hund lernen muss, abzuwarten, wenn andere Hunde arbeiten, ohne dabei unruhig in die Leine zu springen oder Laute von sich zu geben. Dies ist das Ziel, insbesondere für die Retriever (was das Lautgeben betrifft), sicherlich ist gerade die stimmliche Komponente für andere sehr redselige Rassen ein wirklich schwieriges Unterfangen.

Ein Kommando zum »Stillsein« wird kaum funktionieren, weswegen wir dem Hund dabei helfen müssen, dass er aus sich selbst heraus mit dem Frust darüber ruhig umgehen kann, dass er manches Mal nicht an der Reihe mit Arbeiten ist.

Hast du beim jungen Hund die Ruhedecke genutzt, dann kann diese als ruhiger Platz schon helfen. Was ganz hervorragend bei vielen funktioniert, ist Abstand, also eine Distanz zum Arbeitsfeld zu wählen, wo man die Reize noch mitbekommt, der Hund aber noch so weit vom Geschehen weg ist, dass er nicht völlig in Ungeduld untergeht. Ein gutes Mittel, um eine Stütze zum Frust selbst abbauen zu können, ist etwas, was der Hund kauen oder schlecken kann. Kau- und Schleckbewegungen können beruhigen (kennen wir von Kaugummikauern in Prüfungen und stressigen Situationen) und gleichzeitig hat der Hund eine gute Alternative für sein Maul, anstelle Laut zu geben, um sich anderweitig zu beschäftigen.

So können wir uns Stück für Stück näher an die Reize heranbewegen. Das Tempo, wie du hier vorgehen kannst, ist jedoch individuell anzupassen. So wird der Hund mit den Reizen konfrontiert, kommt mit seinem Gemüt auch definitiv an den Punkt, an dem er es spannend findet, hat jedoch eine Alternative und kann sich an die Situation trotzdem mit einem angenehmen Gefühl gewöhnen. In verschiedenen Situationen braucht man aus diesem Grunde teils auch unterschiedliche Strategien.

Impulskontrolle an sich ist sicher auch ein Thema, welches für einen Hund ein echtes Thema ist und für andere nicht. Wie es bei uns Menschen der Fall ist, dass Person A bei jeder Aufregung »an die Decke« geht, also sehr extrovertiert die eigene Emotionslage in der Umwelt äußert, ohne Hemmung, so regt sich Peron B über die gleiche Situation vielleicht gar nicht auf.

Ein weiterer Aspekt ist sicher auch die Erfahrung, die ein Lebewesen mit Stressbewältigungssystemen gemacht hat. Hast du deinem Hund verschiedene Gelegenheiten gegeben, neue und aufregende Situationen zu erleben, ihm dabei Sicherheit und Ruhe vermittelt und seinen Körper trainieren lassen, die Anspannung auch wieder abzubauen, so kann es durchaus sein, dass es in zukünftigen auch ungewohnten Situationen leichter für deinen Hund wird, Reize wahrzunehmen, abzuwägen und sie auch wieder schneller aus dem Fokus zu nehmen.

Frustrationstoleranz ist kein neuartiges Phänomen, was Hunde nirgends in ihrem Leben bräuchten, außer, wenn wir Menschen etwas von ihnen möchten. Schon ganz früh lernen Welpen beispielsweise situativ, dass ab einem bestimmten Alter ihre Mutter das Säugen nicht mehr 24 Stunden zulässt, sondern es mit zunehmendem Alter auch immer wieder dem Welpen verwehrt. Oder der Welpe wird nicht auf jede Spielaufforderung gegenüber Geschwistern eine positive Antwort erhalten. Auch hier lernen die Kleinsten schon, dass nicht immer alles sofort eintritt, was sie sich wünschen. Was du jetzt als stolzer Welpenbesitzer weiter dafür tun kannst, dass dein Welpe diese Kompetenzen und Erfahrungen ausbauen kann, sind Kleinigkeiten im Alltag.

Sicher ist es hier ein wenig unterschiedlich, wie wichtig es für euch als Team ist. Habe ich einen Jagdterrier in mein Zuhause geholt, hat dieser eine andere Geschwindigkeit, an dem er ein extrem hohes Erregungslevel erreicht, was zu herausforderndem Verhalten führen kann, als ein entspannter Bernhardinerwelpe. Und auch hier gibt es innerhalb der Rassen immer noch große Unterschiede in den einzelnen Individuen.

Grundsätzlich sollten wir uns auch vor Augen führen, dass dieser Prozess für junge Hunde ein ganz natürlicher ist. Also die Ausprägung der Entdeckungsfreude und auch, dass es in dieser Entwicklungsphase der Pubertät manchen Individuen sehr schwerfällt, ihrem gewünschten Reiz zu widerstehen, sofern sie diesen gerade einfach nicht erreichen können.

Du kannst nicht exakt die eine Übung von mir für das Trainieren von Selbstbeherrschung bekommen, dafür gibt es zu viele Unterschiede.

Merke dir jedoch einfache Punkte wie:

- Nicht immer sofort auf ALLE Forderungen deines Welpen eingehen. Lernt dein Welpe, dass er nur einmal den Kopf schief legen braucht und schon springst du vom Sofa und kredenzt 3 verschiedene Kekse, ist das nicht zielführend. Genauso, wenn dein Welpe beispielsweise bei der Futterzubereitung quengelt und du dich extra noch beeilst, um möglichst schnell den Napf hinzustellen.
- Auch dich zu jedem Hund hinziehen zu lassen, weil dein Welpe so gerne mal hinmöchte, um »Hallo« zu sagen, wird euch im Thema Ausgeglichenheit in Hundebegegnungen keine Pluspunkte zutragen.

Wir könnten jetzt hier ganz viele Beispiele nennen. Bei allem gilt, ein gutes Maß zu finden, wo du gerne auf etwas sofort eingehen möchtest, aber immer berücksichtigst, dass eine permanente ständige Bedürfnisbefriedigung nicht dazu beiträgt, in Situationen einmal abwarten zu können, wenn es dann einmal nicht so gelebt werden kann.

Wir denken vielleicht an ein Kleinkind, das immer und immer und immer sofort bekommt, was es gerne hätte. Wie soll es damit umgehen, wenn es einmal an der Supermarktkasse etwas nicht einpacken darf? Das Szenario können wir uns sicherlich vorstellen.

Sich zurückzunehmen, also dem eigenen Interesse nicht direkt nachgehen zu können, wird also schon in sehr frühen Lebensphasen in kleinen Episoden gelernt! Wir können viel dazu beitragen, dass unser Hund es in vielen Situationen erlernen und anwenden kann.

Was ist noch ganz normal für die Pubertät?

Dass Hunde in dieser Phase auf Reize, die für sie nie zuvor ein Problem dargestellt haben, ganz plötzlich **unsicher reagieren**, ist auch ein Phänomen, welches fast jeder Hundehalter beschreibt. Obwohl schon der Welpe mit dem Reiz konfrontiert wurde und ihn durchaus positiv verknüpft zu haben schien, reagiert der Junghund plötzlich heftig darauf. Da wird die Oma mit dem Regenschirm schnell zum Monster, welches vehement verbellt werden muss, und die Mülltonne um die Ecke, die dort immer gestanden hat, zum kaum unüberwindbaren Hindernis. Auch diese verblüffend neuen Reaktionen auf Altbekanntes sind aber völlig normal, bedenkt man die stark aktivierte Amygdala sowie die höchst verwirrende Hormonlage eines jungen Hundes. Nicht umsonst wird diese Zeit auch als eine weitere »sensible Phase« bezeichnet.

Je weniger Panik du in solchen Situationen bei dir selbst aufkommen lässt und je weniger Sorgen du dir darüber machst, ob dein Hund nun doch zum völlig asozialen und nicht mehr vorzeigbaren Wesen heranreift, desto besser. Wenn du gelassen bleibst, dann kannst du ein Vorbild für deinen Hund sein und diese Situationen in Ruhe mit ihm zusammen meistern. Denn selbst wenn die neue Reaktion deines jungen Hundes auch für dich im ersten Moment etwas befremdlich erscheinen mag – das einzige was jetzt hilft, sind deine Souveränität sowie ein klarer und sicherer Umgang mit den »bedrohlichen Dingen«.

Diese für deinen Hund plötzlich so merkwürdigen und verstörenden Dinge und Situationen dürfen dir dabei übrigens herzlich egal sein. Je weniger Bedeutung du den Situationen beimisst, die deinen Hund ängstigen, desto eher versteht dein Begleiter, dass er sich nicht aufregen oder sorgen muss, weil du alles im Griff hast. Daher darf man diese sensible Phase sogar ruhig als eine weitere Chance wahrnehmen, sich für seinen Hund noch einmal mehr zum unentbehrlichen, weil souveränen und hilfreichen Begleiter zu etablieren. Denn, wie Günther Bloch sagte: »Gefahrenabwehr ist Leittiersache!«

Je mehr dein Hund vor dieser Zeit bereits erlebt und positiv verknüpft hat, desto schneller legen sich solche »Aussetzer« auch wieder. Wer gut vorgearbeitet hat, der muss jetzt nur die Wogen glätten. Dies gilt im Übrigen auch für den Gehorsam! Je besser dieser vor der Pubertät schon aufgebaut wurde und je sicherer er auch bereits abrufbar war, desto besser und schneller funktioniert auch dieser wieder, wenn kontinuierlich und konsequent weiter daran gearbeitet wird.

Die Zeit der Pubertät ist ein Zeitfenster, welches bekanntermaßen von einigen Aufs und Abs gekennzeichnet ist.
Für die verschiedensten Rassen gibt es aber Prüfungen, welche nur in einem bestimmten Lebensalter abzulegen sind.
Manches Mal treffen diese daher auch leider genau das Zeitfenster, wo paradoxe Verhaltensweisen zu Tage treten.
Nun hatte ich da diesen jungen Drahthaar. Zugegeben, so einige Ecken und Kanten waren bis dahin schon aufgefallen. Dass ich also völlig aus allen Wolken gefallen wäre, als ES passierte, wäre tatsächlich gelogen.
Auf dem Plan stand natürlich im ersten Frühjahr die VJP, die Anlagenprüfung für junge Vorstehhunde. Anlagen haben vordergründig nichts mit Training zu tun, der Hund muss jedoch während der Prüfung anwesend sein, um diese auch zeigen zu können.
Wir hatten uns in unserer Vorbereitung recht gut gefühlt, ich jedenfalls. Wir waren beim Züchter nochmal zur Generalprobe für die Quersuche gewesen, wo sie sich von ihrer besten Seite zeigte. Sie war zwar immer mit viel Tempo, dabei aber brav in angemessener Distanz und Kontakt haltend unterwegs.
Als der Tag der Prüfung kam, war der Umstand 14jährig unter lauter Richtern und Prüfungsteilnehmern fern meines Alters zu sein, sicher etwas ungewöhnlich, störte mich aber nicht.
Frohen Mutes und mit etwas Aufregung ging es ab ins Feld.
Zugegeben, ich habe keine Erinnerung mehr, mit wem ich in einer Gruppe war, auch nicht zu der genauen Abfolge.
Ich weiß nur noch eines – sie war weg, einfach weg. Sobald die Leine abgemacht wurde, weil sie mit Arbeiten dran war, flog sie raumgreifend und fern jeglicher Beurteilungsmöglichkeit übers Feld. Pfeife? Hör ich nicht und wenn, juckt es mich nicht! Halt? Noch nie gehört!
Ich weiß nicht mehr, wie oft ich versucht habe, sie etwas kurz zu halten, sie wirklich auch angebrüllt habe – aus jeder Retrieverprüfung wäre ich jedenfalls prompt mit »Noisie Handling« rausgeflogen. Es hat sie ca. 0,0 interessiert.
An dieser Stelle war es dann doch ein bisschen Glück so jung zu sein. Ich glaube, diese Prüfung haben wir mit der schlechtesten Punktzahl ever für eine VJP abgeschlossen, da die Richter doch immer wieder versuchten, das wenige vorhandene Bewertbare irgendwie zu nutzen. Immerhin hatte sie bei der Hasenspur volle Punktzahl, hatte sie diese auch mehrfach sehr weiträumig und eigenständig verfolgt. Irgendwo hatte sie auch vorgestanden. Der Gebrauch/Einsatz der Nase war klar und deutlich sehr intensiv vorhanden, wenn auch nur zu ihrem eigenen Nutzen.
An diesem Prüfungstag habe ich sicher mehr als nur eine Träne vergossen. Ich bin gar nicht mehr sicher, ob es Wut, Scham, Verzweiflung, oder was auch immer war. Aber – wir haben bis zum Ende durchgehalten und bestanden, immerhin!

Ein Umstand, der mir bei heranwachsenden Hunden immer wieder berichtet wird, ist eine **schlechte Gewichtszunahme**. Eine Auffälligkeit, die häufiger vorkommt, als man denkt. Sehr oft bekomme ich vor allem von Besitzern junger Hunde und Hunden, die arbeiten, die Situation geschildert, dass der eigene Hund nicht gut zunimmt. Oder auch, dass man sehr große Mengen füttern muss, bis dann endlich mal etwas dranbleibt!

Hier gibt es mehrere Dinge zu bedenken. Zum einen habe ich natürlich schon einmal den Blick aufs Futter. Ein hochwertiges Futter mit sehr guter Verdaulichkeit sollte hier auf jeden Fall die Grundlage sein! Dann schauen wir auf das Alter des Hundes. Bis zu einem Alter von ca. 18 Monaten, geht die meiste Energie in die Bausubstanz des Körpers. Es wird gewachsen, Knochen und sämtliche andere Gewebe brauchen permanent ein bisschen mehr, um zur vollen Größe heranzureifen. Vor allem im Zeitalter, wenn das Längenwachstum abgeschlossen ist, jedoch so langsam mal ein bisschen mehr Muskulatur an den Hund kommt, geht noch viel der aufgenommenen Energie in den Bau dieser. Nachhaltig auf den Rippen bleibt bei manchen Kandidaten bis ca. 24 Monaten kaum etwas, unabhängig davon, was man füttert.

Ein weiterer Punkt, den es zu beachten gilt, ist auch das Grundgemüt des Hundes. Hunde, die scheinbar nie für etwas Zeit haben, haben in der Regel auch einen Verdauungstrakt, der keine Zeit zum Verdauen hat, um es ganz kurz und grob zu formulieren.

Als Fleischfresser haben Hunde einen relativ kurzen Verdauungstrakt. Die Verdauungsleistung wird von der Menge der von den Anhangsdrüsen gebildeten Enzyme und der Darmflora bestimmt. Besteht hier aufgrund mangelnder Anlage, starker Medikamenteneinnahme oder vorangehenden Erkrankungen ein Mangel, kann eine schlechte Verdauungsleistung und damit auch langfristig verminderte Zunahme der Körpersubstanz zusammenhängen. Bei Hunden, welche schlecht zunehmen, ist es also nicht die einzige Lösung permanent ein Futter zu wechseln, sondern auch einmal genauer bei der Verdauungsleistung ein Auge zu haben und ggf. durch einen angepassten Darmaufbau zu unterstützen!

Pubertät & Begegnung

Ganz oft werde ich gefragt, was man tun soll, wenn ein Hund im jugendlichen Alter auf einmal beginnt, alles und jeden anzubellen, der sich einem in den Weg stellt. Oft sind es Gegenstände oder auch Personen, die der Hund vielleicht schon lange kannte und es vorher nie ein Thema war. Es wird sich gewundert, warum der Hund auf einmal am Gartenzaun kläfft, die Mülltonne vor der Tür verbellt oder den Passanten mit dem Regenschirm plötzlich ganz schrecklich findet. Warum ist der Hund auf einmal anders?

Ich werde an dieser Stelle nicht müde, auf der einen Seite darauf hinzuweisen, dass es sich um ein völlig normales Verhalten in der Jugendphase handelt. In dieser Umbauphase des Gehirns, wo sich zum einen strukturell viele Dinge ändern, aber auch hormonell im ganzen Körper so wahnsinnig viel los ist, hat der Hund einfach viel zu tun. »Es ist viel bei ihm los«, sagt man so schön. Und es ist ganz normal, dass das wunderliche Verhalten, nennen wir es einmal so, auftritt.

Ich erlebe es gerade, ich möchte einmal sagen, in den Arbeitsretriever-Kreisen, dass teils sehr erschrocken darauf reagiert wird, wenn der eigene Hund auf einmal fremde Menschen anbellt. Wenn er auf den ersten Blick nicht mehr der »immer nette Hund von nebenan« ist. Aber auch dieser macht eine Pubertät durch. Sicher sind Verhaltensänderungen in dieser Phase nicht bei jedem Hund stark ausgeprägt. Bei manchen bekommt man es kaum mit.

Aber für jeden Hund ist es erstmal ein ganz natürlicher Prozess. Bei manchen Hunden merken wir kaum etwas, bei anderen dafür umso deutlicher. Es hilft rein gar nichts, sich in dieser Zeit darüber zu ärgern, darüber traurig zu sein oder zu grübeln, warum, wieso, weshalb ...

Es hilft dir nur, zu sehen, zu merken, zu reflektieren, woher das auffällige Verhalten kommt und damit situativ adäquat umzugehen. In der frühesten Jugendphase ist es wahrscheinlich nicht gezeigt worden, oder uns nicht aufgefallen im Ansatz. Sonst wären wir nicht so erschrocken darüber. Es setzt irgendwann ein, wenn wir uns langsam in Richtung Erwachsenwerden bewegen. Das Beste, was wir in solchen Situationen tun können, ist natürlich, dem Hund zu demonstrieren, dass wir von der Situation überhaupt nicht beeindruckt sind. Sofern wir alles gut managen können, zeigen wir, dass es keinen Grund für diese Aufregung gibt. Dass uns dieser Mensch, der da auf einmal am Horizont auftaucht, überhaupt nicht ängstigt, dass wir ihn wahrgenommen haben, aber dass er zu unserer Umwelt dazugehört.

Das bedeutet, gerade in der Zeit der Pubertät bist du als souveräne Leitperson absolut gefragt. Hier ist zu managen, vorherzusehen, besonnen, dennoch klar zu agieren und sich mit dem Hund als Team gut durch die Phase der Pubertät zu bewegen! Was definitiv nicht hilfreich sein wird, ist, wenn du gereizt in diesen Situationen reagierst. Auch, wenn es vielleicht berechtigt wäre, weil euch vielleicht ein Hund begegnet, mit dem du nicht gerechnet hattest, oder Ähnliches. Gerade in Hundebegegnungen verhalten wir uns manchmal total absurd.

Wir können nun einmal nicht für jeden unserer Mitmenschen, dem wir mit unserem Hund begegnen werden, mitdenken. Wir werden immer wieder Hundekontakte haben, die wir nicht planen können. Es sei denn, wir leben in der absoluten Einöde. Grundsätzlich sind unsere Hunde auch Meister darin, sich innerhalb kürzester Zeit auch mit fremden Hunden zu arrangieren und zu kommunizieren, sofern sie eine entsprechende Sozialisation genossen haben. Wir sind also gut gewappnet, mit unserem Hund anderen zu begegnen, ohne dass immer gleich eine Katastrophe, insbesondere unsererseits, draus gemacht werden muss.

In den letzten Jahren hatte ich immer mehr das Gefühl, dass Hunde immer mehr daran gehindert werden, ein solides Sozialkonstrukt auszubauen und anstelle dessen mehr Wert auf die Kompetenz in »Fremde-Hunde-abwehren« vermittelt wurde von Herrchen & Frauchen. Viel wichtiger ist es doch, Kommunikation zu erklären, wissend zu machen und erst einmal eine solide Basis im positiven Sinne zu schaffen.

Sicherlich können und wollen wir nicht alle Hundebegegnungen zulassen. Selbstverständlich gibt es unzählige Situationen, in denen wir Entscheidungen gegen einen Kontakt treffen sollten und ja auch manchmal, um unseren Hund vor einer unnötigen Erfahrung zu bewahren, gar keine Frage!

Diese Aussagen von mir gelten immer insofern, dass ich meinen Hund ohne andere Vorerfahrungen, also als Welpe, zu mir hole und den Start in ein soziales Hundeleben selbst gestalten kann.

Ganz oft sehe ich aber auch diesen peinlichen Versuch, dieses etwas unangenehme Verhalten von meinem leicht pubertierenden Hund schnell abzustellen. Ihn still zu bekommen, oder mit einem halbherzigen »Komm, jetzt ist doch mal gut!« den Hund irgendwie zu beruhigen,

was in der Regel natürlich selten mal eben funktioniert. Vielmehr bringt es den Hund noch mehr auf die Fährte, dass die Situation gerade ein bisschen komisch ist, wenn du auf einmal darauf reagierst, ein bisschen beschwichtigend bist und dem Ganzen nicht so ganz souverän entgegentrittst.

Und ich glaube, gerade auch in dieser Zeit entstehen in puncto Hundebegegnungen unheimlich viele Themen und Probleme, weil wir dem Ganzen eine riesige Bedeutung beimessen und so darauf getrimmt sind, zu reagieren, wenn wir in Hundebegegnungen kommen.

Müssen wir an einem anderen Hund vorbei und unser Hund stellt vielleicht die Haare etwas auf, wirkt vielleicht etwas unsicher in der Begegnung, oder ist gar aufgeregt und möchte am liebsten nach vorne, vielleicht tatsächlich nur mal »Hallo« sagen, vielleicht auch je nach Typ mal ein bisschen pöbeln ...So what? Solange du es schaffst, souverän und unbeeindruckt vorbeizugehen, passiert euch erstmal gar nichts. Ganz häufig reagieren Menschen mit den gleichen Mustern.

Lasst uns noch einmal für uns in Erinnerung rufen: Wie war das nochmal mit dem Lernverhalten? Ganz einfach! Angenehme Aufmerksamkeit von uns in Richtung Hund kann ein Verhalten bestärken. Diese Verstärkung bezieht sich immer auf das Verhalten, welches der Hund just in dem Moment zeigt, in welchem du das »Lob« vornimmst. Sprechen wir nun die ganze Zeit während eines in Hundebegegnungen möglicherweise aufgeregten Verhaltens unseres Hundes freundlich beruhigend auf ihn ein, so bekommt er angenehme Aufmerksamkeit. Und zwar in einem Moment, den wir eigentlich sicher nicht belohnen und somit verstärken wollten!

Vom Grunde her ist das ein totaler Quatsch. Sind die Hunde angeleint, muss ich nicht befürchten, dass der Straßenschreck an Vierbeiner schlechthin gleich zur Gefahr für uns wird, sondern wir einfach »nur« an einem Hund vorbeigehen, so gibt es vorerst keinen Grund, sich aufzuregen. Der Hund ist an der Leine. Aber ihm ist nichts passiert. Ihm wird auch nichts passieren. Und du wirst einfach nur mit deinem Hund an einem anderen vorbeigehen. (Ja ich weiß, großer Aufschrei »ABER mein Hund hat schon dies oder jenes erlebt" Ja richtig – es gibt auch schlechte Hundebegegnungen, ich gehe nur erst vom positiven Fall aus, bevor ich alles schlechtmache.) Dann ist die Situation nun einmal so, dass es hier überhaupt nichts zu tun gibt, Haltung zu bewahren und normal aneinander vorbeizugehen!

Und damit sind wir auch am Ende unserer kleinen Reise durch das erste Lebensjahr des Hundes angelangt, da bedauerlicherweise nur die aller wenigsten Hunde ihre Pubertät vor Vollendung des ersten Lebensjahres verlassen, sondern von uns als Besitzern noch ein bisschen Durchhaltevermögen nötig wird, bis unser Vierbeiniger Begleiter endlich als »erwachsen« bezeichnet werden kann.

Doch auch wenn diese Zeit oft sehr stürmisch und anstrengend ist, so gibt sie uns als Hundehaltern auch noch einmal die Möglichkeit, viel Einfluss auf die Entwicklung unseres jungen Hundes zu nehmen und uns als souveränes Vorbild zu etablieren. Belohnt wird diese Mühe dann, wenn wir ein paar Dinge richtig gemacht haben, mit einer reifen, sicheren und stabilen Hundepersönlichkeit an unserer Seite und einer engen Bindung zu dieser, die man spätestens dann ganz sicher nicht mehr missen möchte!

SCHLUSSWORT

Nun haben wir die Welpen durch die spannende Zeit des Heranwachsens geführt und begleitet – und haben noch weitere Entwicklungs- und Veränderungsphasen vor uns, die wir mit ihnen verbringen werden. Kristina Räder, eine unserer DER HUND Wissen-Autorinnen, hat dich dank ihrer eigenen Erfahrung als Züchterin und Halterin an dieser Zeit teilhaben lassen und begleitet. Doch die beste Begleitung ist sicher dein heranwachsender Hund an deiner Seite!

Viel Freude wünscht das Team von DER HUND Wissen

und **»Danke, Kristina«**, sagt **DER HUND**
Susanne C. Steiger, *Chefredakteurin*

Folgen Sie uns für mehr Infos zu unseren Hundebüchern auf:

www.instagram.com/muellerrueschlikon.hund

www.facebook.com/muellerrueschlikonverlag

Müller Rüschlikon